Das Tierreich

Eine Zusammenstellung und Kennzeichnung der rezenten Tierformen

Gegründet von der Deutschen Zoologischen Gesellschaft

Im Auftrage der

Preußischen Akademie der Wissenschaften zu Berlin

herausgegeben von

F. E. Schulze (†), W. Kükenthal (†)

fortgesetzt von **K. Heider,** seit 1927 von **R. Hesse**

Schriftleiter: **C. Apstein**

„Πάντα ῥεῖ“ *„Sine systemate chaos“*

62. Lieferung

Reptilia

Loricata

bearbeitet von

Prof. Dr. Franz Werner
Wien

Mit 33 Abbildungen

Berlin und Leipzig 1933

Walter de Gruyter & Co.

vormals G. J. Göschen'sche Verlagshandlung — J. Guttentag, Verlagsbuchhandlung
Georg Reimer — Karl J. Trübner — Veit & Comp.

Ausgegeben im November 1933

Das Tierreich

Eine Zusammenstellung und Kennzeichnung der rezenten Tierformen

Gegründet von der Deutschen Zoologischen Gesellschaft

Im Auftrage der

Preußischen Akademie der Wissenschaften zu Berlin

herausgegeben von

F. E. Schulze (†), W. Kükenthal (†)

fortgesetzt von **K. Heider,** seit 1927 von **R. Hesse**

Schriftleiter: **C. Apstein**

Seit Linnés Systema naturae ist die Zahl der bekannten Tierformen so angewachsen, daß eine neue, umfassende Übersicht des Systems, die als Abschluß der bisherigen und als Grundlage künftiger systematischer Forschung dienen kann, ein dringendes Bedürfnis geworden ist. Um diese Aufgabe zu erfüllen, hatte die Deutsche Zoologische Gesellschaft das vorliegende Werk gegründet und dessen wissenschaftliche Leitung Herrn Geh. Reg.-Rat Prof. **F. E. Schulze** in Berlin anvertraut. Das gewaltige Unternehmen fand die Unterstützung der Preußischen Akademie der Wissenschaften, die in Würdigung der Bedeutung des Werkes im Jahre 1902 die Herausgabe übernommen hat.

Die Herausgabe findet in Lieferungen statt, die je eine oder mehrere nahestehende Gruppen behandeln, jedoch unabhängig von einer systematischen Folge erscheinen.

Jede Lieferung ist einzeln käuflich. Dem Umfang entsprechend ist der Preis der Lieferungen verschieden; **jedoch wird den Subskribenten, die sich für die Abnahme von fünf hintereinander erscheinenden Lieferungen verpflichten, ein Nachlaß von zwanzig Prozent des bei Ausgabe der Lieferung festgesetzten Ladenpreises gewährt.**

Für weitere Bände sind folgende Bearbeiter in Aussicht genommen:

Dr. **E. Ahl** in Berlin, Prof. Dr. **W. Arndt** in Berlin, Dr. Graf **C. Attems** in Wien, **R. S. Bagnall und Hood** in Oxford, England, Dr. **M. Beier,** Wien, Prof. Dr. **H. Bischoff** in Berlin, Dr. **H. Boschma** in Leiden, Prof. Dr. **L. Breitfuß,** Berlin, **F. Bryk,** Berlin, Lehrer **H. Gebien** in Hamburg, Dr. **E. Hartert** in Berlin, Dr. **C. E. Hellmayr** in München, Dr. **M. Holly** in Wien, Dr. **K. Jordan** in Tring, Prof. Dr. **C. A. Kofoid** in Berkeley (California), Dr. **H. A. Krauss** in Tübingen, Prof. Dr. **T. Krumbach** in Berlin, Prof. Dr. **H. Kuntzen** in Berlin, Prof. Dr. **A. Laubmann** in München, Prof. Dr. **H. Lohmann** in Hamburg, Prof. Dr. **T. Mortensen** in Kopenhagen, Dr. **E. Neresheimer** in Wien, **W. D. Pierce** in Washington, Prof. Dr. **E. Reisinger** in Köln, Prof. Dr. **L. Rhumbler** in Hannov.-Münden, Lord Dr. **W. Rothschild** in Tring, Dr. **F. A. Schilder** in Naumburg/Saale, Prof. **O. Schmiedeknecht** in Blankenburg, Direktor Dr. **Sig Thor** in Oslo, Prof. Dr. **E. Stechow** in München, Prof. Dr. **O. Steinböck** in Innsbruck, Dr. **H. Stichel** in Berlin-Lichterfelde-Ost, Dr. **T. Stingelin** in Olten, Konrektor **H. Stitz** in Berlin, Prof. Dr. **E. Stresemann** in Berlin, Prof. Dr. **J. Thiele** in Berlin, Dr. **G. Ulmer** in Hamburg, **K. Viets** in Bremen, Prof. Dr. **F. Werner** in Wien.

Siehe auch S. 4 des Umschlags!

Das Tierreich

Eine Zusammenstellung und Kennzeichnung der rezenten Tierformen

Gegründet von der Deutschen Zoologischen Gesellschaft

Im Auftrage der

Preußischen Akademie der Wissenschaften zu Berlin

herausgegeben von

F. E. Schulze (†), W. Kükenthal (†)

fortgesetzt von **K. Heider,** seit 1927 von **R. Hesse**

Schriftleiter: **C. Apstein**

„Πάντα ῥεῖ“ *„Sine systemate chaos“*

62. Lieferung

Reptilia

Loricata

bearbeitet von

Prof. Dr. Franz Werner
Wien

Mit 33 Abbildungen

Berlin und Leipzig 1933

Walter de Gruyter & Co.

vormals G. J. Göschen'sche Verlagshandlung — J. Guttentag, Verlagsbuchhandlung
Georg Reimer — Karl J. Trübner — Veit & Comp.

Ausgegeben November 1933

Das Tierreich

Im Auftrage der

Preußischen Akademie der Wissenschaften zu Berlin

herausgegeben von

F. E. Schulze (†), W. Kükenthal (†)

fortgesetzt von **K. Heider,** seit 1927 von **R. Hesse**

Schriftleiter: **C. Apstein**

62. Lieferung

Reptilia

Loricata

bearbeitet von

Prof. Dr. Franz Werner
Wien

Mit 33 Abbildungen

Berlin und Leipzig 1933

Walter de Gruyter & Co.

vormals G. J. Göschen'sche Verlagshandlung — J. Guttentag, Verlagsbuchhandlung
Georg Reimer — Karl J. Trübner — Veit & Comp.

Ausgegeben November 1933

Archiv-Nr. 52 4833

Inhalt

Die Literatur wurde bis Mitte 1933 berücksichtigt

Druck: August Hopfer, Burg b. M.

Literatur-Kürzungen

Abh. Senckenb. Ges. — Abhandlungen, herausgegeben von der Senckenbergischen naturforschenden Gesellschaft. Frankfurt a. M. 4.

Amer. J. Sci. — The American Journal of Science and Arts. New Haven (New York). 8.

Amer. Natural. — The American Naturalist. Salem (Philadelphia) (Boston). 8.

Anderson, Zool. Egypt — Zoology of Egypt. *v.* 1. Reptilia and Batrachia by John Anderson. London. 1898. 4.

Ann. Carnegie Mus. — Annals of the Carnegie Museum. Pittsburgh. 8.

Ann. gén. Sci. phys. — Annales générales des Sciences physiques. Bruxelles. 8.

Ann. Mus. Genova — Annali del Museo civico di Storia naturale di Genova. Genova. 8.

Ann. Mus. Paris — Annales du Muséum national d'Histoire naturelle. Paris. 4.

Ann. nat. Hist. — The Annals and Magazine of Natural History, including Zoology, Botany, and Geology. London. 8.

Ann. Phil. — The Annals of Philosophy [; or Magazine of Chemistry, Mineralogie, Mechanics, Natural History; Agriculture and the Arts. By Thomas Thomson]. London. 8.

Ann. Sci. nat. — Annales des Sciences naturelles. — [Sér. 2—4:] Zoologie ([Sér. 5 & sequ.:] Zoologie et Paléontologie). Paris. 8.

Ann. Soc. Linn. Lyon — Annales de la Société Linnéenne de Lyon. Lyon (Paris). 8.

Ann. Wien. Mus. — Annalen des Wiener Museums der Naturgeschichte. Wien. 4.

An. Soc. Argent. — Anales de la Sociedad cientifica Argentina. Buenos Aires. 8.

Arch. Mus. Paris — Archives du Muséum d'Histoire naturelle. Paris. 4.

Arch. Naturg. — Archiv für Naturgeschichte. Berlin. 8.

Arch. Zool. Anat. Fisiol. — Archivio per la Zoologia, l'Anatomia e la Fisiologia. Pubblicato per Cura di G. Canestrini, G. Doria, P. M. Ferrari e M. Lessona. Genova (Modena) (Bologna). 8.

Ber. Offenb. Ver. — ... Bericht über die Thätigkeit des Offenbacher Vereins für Naturkunde in den Vereinsjahren ...... Offenbach. 8.

Ber. Senckenb. Ges. — Bericht über die Senckenbergische naturforschende Gesellschaft [in Frankfurt am Main]. Frankfurt a. M. 4, 8.

Bertoni, Descr. fís. econ. Parag. — Moisés S. Bertoni, Descripción física y económica del Paraguay. Asunción. 8.

Bih. Svenska Ak. — Bihang till Kongl. Svenska Vetenskaps-Akademiens Handlingar. — Afdelning 4, Zoologi. Stockholm. 8.

Biol. Centr.-Amer. — Biologia Centrali-Americana; or, Contributions to the Knowledge of the Fauna and Flora of Mexico and Central-America. Edited by F. Ducane Godman [and Osbert Salvin]. London. 4.

Blainville, Ostéogr. — Ostéographie ou Description iconographique comparée du Squelette et du Système dentaire des cinq Classes d'Animaux Vertébrés récents et fossiles ... par H. M. Ducrotay de Blainville. Ouvrage accompagné de Planches lithographiées sous sa Direction par J. C. Werner. Paris. [1839—64]. 4.

Bocage, Herpét. Angola — Herpétologie d'Angola et du Congo. Ouvrage publié sous les Auspices du Ministère de la Marine et des Colonies par J. V. Barboza du Bocage. Lisbonne. 1895. 8.

Boettger, Kat. Rept. Mus. Senckenb. — Katalog der Reptilien-Sammlung im Museum der Senckenbergischen Naturforschenden Gesellschaft in Frankfurt am Main. Von O. Boettger. Frankfurt/a. M. 1893, 98. 8.

Boll. Mus. Torino — Bollettino dei Musei di Zoologia ed Anatomia comparata della Reale Università di Torino. Torino. 8.

Boulenger, Cat. Chelon. Croc. Brit. Mus. — Catalogue of the Chelonians, Rhynchocephalians, and Crocodiles in the British Museum (natural History). New Edition. By George Albert Boulenger. London. 1889. 8.

Boulenger, Cat. Snakes Brit. Mus. — Catalogue of the Snakes in the British Museum (Natural History). By George Albert Boulenger. *v.* 1—3. London. 1893, 94, 96.

Boulenger, Vert. Fauna Malay, Rept. Batr. — A Vertebrate Fauna of the Malay Peninsula from the Isthmus of Kra to Singapore. Reptilia et Batrachia by G. A. Boulenger. London. 1912. 8.

Bull. Ac. St.-Pétersb. — Bulletin de l'Académie Impériale des Sciences de St.-Pétersbourg. St.-Pétersbourg. 4(8).

Bull. Amer. Mus. — Bulletin of the American Museum of Natural History. New York. 8.

Bull. Mus. Harvard — Bulletin of the Museum of comparative Zoology at Harvard College, in Cambridge. Cambridge. Mass., U. S. A. 8.

Bull. Mus. Paris — Bulletin du Muséum d'Histoire naturelle. Paris. 8.

Bull. Raffles Mus. — Bulletin Raffles Museum. Singapore, Straits Settlements. 8.

Bull. Soc. Alger — Bulletin de la Société d'Histoire naturelle de l'Afrique du Nord. Alger. 8.

Bull. Soc. philom. — Bulletin des Sciences, par la (Bulletin de la) Société philomat(h)ique de Paris. Paris. 4 (8).

Bull. Soc. zool. France — Bulletin de la Société zoologique de France. Paris. 8.

Bull. U. S. Mus. — Bulletin of the United States National Museum. Washington. 8.

Cambridge nat. Hist. — The Cambridge Natural History. Edited by S. F. Harmer and A. E. Shipley. — Vol. 8. Amphibia and Reptiles. By Hans Gadow. London. 1901. 8.

Copeia — Copeia. A Journal of cold-blooded Vertebrates. Ann Arbor. Michigan. 8.

CR. Ac. Sci. — Comptes rendus hebdomadaires des Séances de l'Académie des Sciences. Paris. 4.

Cuvier, Rech. Ossem. foss., n. ed. — Recherches sur les Ossemens fossiles, où l'on rétablit les Caractères de plusieurs Animaux dont les Révolutions du Globe ont détruit les Espéces; par G. Cuvier. Nouvelle [2.] Edition. Tome 1—5I, II. Paris. 1821, ... 23, 24. 4.

Daudin, Hist. Rept. — Histoire naturelle, générale et particulière des Reptiles; Ouvrage faisant Suite à l'Histoire naturelle, générale et particulière, composée par Leclerc de Buffon, et rédigée par C. S. Sonnini. Par F. M. Daudin. Tome 1—8. Paris. X, XI [1802, 1803]. 8.

Denk. Ak. Wien — Denkschriften der Kaiserlichen Akademie der Wissenschaften. — Mathematisch-naturwissenschaftliche Classe. Wien. 4.

Descr. Égypte — Description de l'Égypte, ou Recueil des Observations et des Recherches qui ont été faites en Égypte pendant l'Expédition de l'Armée Française, publié par les Ordres de sa Majesté l'Empereur Napoléon le Grand. — Histoire naturelle. Tom. 1I—1IV, 2; Planches. Paris. 1809 [1809 - 27], 13 [1818, 29][1]). 4 & 2.

Dict. class. Hist. nat. — Dictionnaire classique d'Histoire naturelle, par Audouin, ... et Bory de Saint-Vincent. Tome 1—17 & Atlas. Paris. 1822—31. 8.

Ditmars, Rept. Book — The Reptile Book. A comprehensive popularised Work on the Structure and Habits of the Turtles, Tortoises, Crocodilians, Lizards and Snakes, which inhabit the United States and Northern Mexico. By Raymond Lee Ditmars. New York. 1907. 8.

[1]) Cfr.: C. Davies Sherborn in: P. zool. Soc. London, 1897 p. 285.

Duméril, Cat. Collect. Rept. — Muséum d'Histoire naturelle de Paris. Catalogue méthodique de la Collection des Reptiles. [Par] C. Duméril [et] Aug. Duméril. Paris. 1851. 8.

Duméril & G. Bibron, Erpét. — Erpétologie générale ou Histoire naturelle complète des Reptiles, par A. M. C. Duméril et par G. Bibron. Tome 1—9. Atlas. Paris. 1834—54. 8.

Ergeb. D. Zentr.-Afr.-Exp. — Wissenschaftliche Ergebnisse der Deutschen Zentral-Afrika-Expedition 1907—1908 unter Führung Adolf Friedrichs, Herzogs zu Mecklenburg. Leipzig. 8.

Fauna Brit. Ind. — The Fauna of British India, including Ceylon and Burma. Published under the Authority of the Secretary of State for India in Council. Edited by W. T. Blanford. London, Calcutta usw. 8.

Fauna D. Kolon. — Die Fauna der Deutschen Kolonien. Herausgegeben mit Unterstützung des Reichs-Kolonialamtes vom Zoologischen Museum in Berlin. Berlin. 8.

Field — The Field, the Farm, the Garden. The Country Gentleman's Newspaper. London. 2.

Fleming, Phil. Zool. — The Philosophy of Zoology; or a general View of the Structure, Functions, and Classification of Animals. By John Fleming. Vol. 1, 2. Edinburgh. 1822. 8.

Gmelin-Linné, Syst. Nat., ed. 13 — Caroli a Linné Systema Naturae per Regna tria Naturae, secundum Classes, Ordines, Genera, Species, cum Characteribus, Differentiis, Synonymis, Locis. Editio XIII, aucta, reformata. Cura Jo. Frid. Gmelin. — Tomus I. Pars 1—7. Lipsiae. 1788 [Pars 6 & 7: 1791, 92]. 8.

Gray, Cat. Shield Rept. Brit. Mus. — Catalogue of Shield Reptiles in the Collection of the British Museum. Part 1, 2. By John Edward Gray. London. 1855, 72. 4.

Gray, Cat. Tort. Croc. Brit. Mus. — Catalogue of the Tortoises, Crocodiles, and Amphisbaenians, in the Collection of the British Museum. [Auctor: John Edward Gray]. London. 1844. 12.

Gray, Syn. Rept. — Synopsis Reptilium; or short Description of the Species of Reptiles by John Edward Gray. *v.* 1. London. 1831. 8.

Gronovius, Zoophyl. — Zoophylacium Gronovianum, exhibens Animalia Quadrupeda, Amphibia, Pisces, Insecta, Vermes, Mollusca, Testacea, et Zoophyta, quae in Museo suo adservavit, Examini subjecit, systematice disposuit atque descripsit Laur. Theod. Gronovius. Fasciculus 1—3. Lugduni Batavorum. 1781 (1763, 64, 81). 2.

Günther, Rept. Brit. Ind. — The Reptiles of British India. By Albert C. L. G. Günther. London. 1864. 4.

Guérin-Méneville, Iconogr. Règne an. — Iconographie du Règne animal de G. Cuvier, ou Représentation d'après Nature de l'une des Espèces les plus remarquables et souvent non encore figurées, de chaque Genre d'Animaux. Avec un Texte descriptif mis au Courant de la Science. Par F. E. Guérin-Méneville. Tom. 1—3. Paris, Londres. 1829—44. 4 (& 8). Text 1844.

Harlan, Med. Phys. Res. — Medical and Physical Researches or Original Memoirs in Medicine, Surgery, Physiology, Geology, Zoology and comparative Anatomy by Rich. Harlan. Philadelphia. 1835. 8.

Hist. Madag. — Histoire physique, naturelle et politique de Madagascar. Publiée par Alfred Grandidier. Paris. 4.

Holbrook, N. Amer. Herpet. — North American Herpetology; or, a Description of the Reptiles inhabiting the United States. By John Edwards Holbrook. *v.* 1—5. 1836—41. Ed. 2 *v.* 1—5. Philadelphia. 1842. 4.

Isis — Isis [Encyklopädische Zeitschrift, vorzüglich für Naturgeschichte, vergleichende Anatomie und Physiologie] von [Lorenz von] Oken. Leipzig. 4.

J. Ac. Lisboa — Jornal de Sciencias mathematicas, physicas e naturaes, publicado sob os Auspicios da Academia Real das Sciencias de Lisboa. Lisboa. 8.

Jahrb. Ver. Nassau — Jahrbücher des Vereins für Naturkunde im Herzogthum Nassau ([Jahrgang 19 & sequ.:] Jahrbücher des Nassauischen Vereins für Naturkunde). Wiesbaden. 8.

J. Asiat. Soc. Bengal — Journal of the Asiatic Society of Bengal. — [Vol. 34 & sequ.:] Part II; Natural History etc. Calcutta. 8.

J. Bombay Soc. — The Journal of the Bombay Natural History Society. Bombay. 8.

J. East Afr. Soc. Uganda — The Journal of the East Africa and Uganda Natural History Society. Nairobi. 8.

J. feder. Malay Mus. — Journal of the federated Malay States Museums. Kuala Lumpur. 8.

J. Linn. Soc. London — The Journal of the Linnean Society. — Zoology. London. 8.

J. nat. Hist. Soc. Siam — The Journal of the Natural History Society of Siam. Bangkok. 8.

J. N. China Soc. — Journal of the North China Branch of the Royal Asiatic Society. Shanghai. 8.

J. Zool. — Journal de Zoologie, comprenant des différentes Branches de cette Science, ... Par P. Gervais. Paris. 8.

Kelaart, Prodr. Faun. Zeyl. — E. F. Kelaart, Prodromus Faunae Zeylanicae; being Contributions to the Zoology of Ceylon. *v.* 1, 2I. Ceylon, Colombo. 1852, 54. 8.

Laurenti, Syn. Rept. — Josephi Nicolai Laurenti ...... Specimen medicum, exhibens Synopsin Reptilium emendatam cum Experimentis circa Venena et Antidota Reptilium Austriacorum. Viennae. 1768. 8.

Leach, Zool. Misc. — The zoological Miscellany; being Descriptions of new, or interesting Animals, by William Elford Leach. Illustrated with coloured Figures, drawn from Nature, by R. P. Nodder. Vol. 1—3. London. 1814, 15, 17. 8.

Linné, Syst. Nat., ed. 10 — Caroli Linnaei Systema Naturae per Regna tria Naturae, secundum Classes, Ordines, Genera, Species, cum Characteribus, Differentiis, Synonymis, Locis. Editio X, reformata. — Tomus I. Holmiae. 1758. 8.

Lucas & Le Souëf, An. Austral. — A. H. S. Lucas & D. Le Souëf, Animals of Australia: Mammals and Reptilia. London. 1909. 8.

Mém. Ac. St.-Pétersb. — Mémoires de l'Académie Impériale des Sciences de St.-Pétersbourg. — [Sér. 6:] Sciences mathématiques, physiques et naturelles. St.-Pétersbourg. 4.

Mem. Ind. Mus. — Memoirs of the Indian Museum. Calcutta. 4.

Mem. Mus. Harvard — Memoirs of the Museum of comparative Zoology at Harvard College. Cambridge, Mass. 4.

Mem. Queensl. Mus. — Memoirs of the Queensland Museum. Brisbane. 8.

Merrem, Versuch Syst. Amph. — Versuch eines Systems der Amphibien von Blasius Merrem. [2. Titel:] Tentamen Systematis Amphibiorum Auctore Blasio Merrem. Marburg. 1820. 8.

Misc. Publ. Mus. Zool. Univ. Michigan — Miscellaneous Publications, Museum of Zoology, University of Michigan. Ann Arbor. Michigan. 8.

Misc. zool. Sumatra. — Miscellanea zoologica Sumatrana. Herausgegeben von Leopold Fumek und J. C. van der Meer—Mohr. Medan. 8.

Miss. Mex. — Mission scientifique au Mexique et dans l'Amérique centrale, Ouvrage publié par Ordre du Ministre de l'Instruction publique. — Recherches zoologiques . . . publiées sous la Direction de [Henri] Milne Edwards. 3. Partie. Études sur les Reptiles et les Batraciens, par Auguste Duméril et [Marie-Firmin] Bocourt. Paris. 1870(—1909). 4.

Mt. Geogr. Ges. Lübeck — Mitteilungen der Geographischen Gesellschaft und des naturhistorischen Museums in Lübeck. Lübeck. 8.

Mt. Mus. Berlin — Mitteilungen aus der zoologischen Sammlung des Museums für Naturkunde in Berlin. Berlin. 4.

Murray, Vert. Zool. Sind — The vertebrate Zoology of Sind. A systematic Account with Descriptions of all the known Species of Mammals, Birds, and Reptiles inhabiting the Province; Observations on their Habits; Tables of their geographical Distribution in Persia, Beloochistan, and Afganistan, Punjab,

North-West Provinces, and the Peninsula of India generally, with Woodcuts, Lithographs, and col. Illustrations. J. A. Murray. London & Bombay. 1884. 8.

N. Acta Ac. Leop. — Nova Acta |physico-medica| Academiae Caesareae Leopoldino-Carolinae |Germanicae| Naturae Curiosorum. [*v.* 9 & sequ.:] Verhandlungen (Abhandlungen) der |Kaiserlichen| Leopoldinisch-Carolinischen Akademie der Naturforscher. Norimbergae. (Erlangen) (Bonn) . . . . 4.

N. Arch. Mus. Paris — Nouvelles Archives du Muséum d'Histoire naturelle |de Paris|. Paris. 4.

Not. Leyden Mus. — Notes from the Leyden Museum. Leyden. 8.

Occas. Papers Mus. Zool. Michigan — Occasional Papers of the Museum of Zoology, University of Michigan. Published by the University. Michigan. 8.

Oppel, Ordn. Rept. — Die Ordnungen, Familien und Gattungen der Reptilien als Prodrom einer Naturgeschichte derselben. Von Michael Oppel. München. 1811. 4.

P. Ac. Philad. — Proceedings of the Academy of Natural Sciences of Philadelphia. Philadelphia. 8.

Palaeobiol. — Palaeobiologica. Wien. 8.

Pal. Hungar. — Palaeontologia Hungarica. Budapest. 4.

P. N. Engl. zool. Club — Proceedings of the New England zoological Club. Boston, Mass. 8.

P. R. Geogr. Soc. Austral. — Proceedings of the Royal Geographical Society of Australasia. South Australian Branch. Adelaide.

P. R. Soc. Queensl. — Proceedings of the Royal Society of Queensland. Brisbane. 8.

Publ. Field Columb. Mus. — Field Columbian Museum. Publication. Chicago. 8.

P. U. S. Mus. — Proceedings of the United States National Museum. Washington. 8.

P. zool. Soc. London — Proceedings of the zoological Society of London. London. 8.

Ramon, Hist. Cuba — Historia fisica, politica y natural de la Isla de Cuba por Ramon de la Sagra. — II. Parte. Historia natural. *v.* 1–7. Paris. 1838–56 [1857]. 8 & 2.

Rec. Austral. Mus. — Records of the Australian Museum. Sydney. 8.

Rec. Ind. Mus. — Records of the Indian Museum (A Journal of Indian Zoology). Calcutta. 8.

Rep. U. S. Mus. — Annual Report of the Board of Regents of the Smithsonian Institution, showing the Operations, Expenditures, and Condition of the Institution. Report of the U. S. national Museum. Washington. 8.

Rep. Zool. Miss. Ind. — Report on a Zoological Mission to India in 1913. Ministry of Public Works, Egypt. Zoological Service. Cairo. 8.

Revista Mus. La Plata — Revista del Museo de La Plata. Dirijida por Francisco P. Moreno. La Plata. 8.

Revista Mus. Paul. — Revista do Museu Paulista. Publicada por H. von Ihering. São Paulo. 8.

Rev. zool. Afr. — Revue zoologique Africaine. Bruxelles & Gand. 8.

Rooy, Rept. Indo-Austral. Archip. — The Reptiles of the Indo-Australian Archipelago. *v.* I. Lacertilia, Chelonia, Emydosauria. *v.* II. Ophidia. By Nelly de Rooy. Leiden. 1915, 17. 8.

SB. Ak. Wien — Sitzungsberichte der Kaiserlichen Akademie der Wissenschaften. — Mathematisch-naturwissenschaftliche Classe. Wien. 8.

SB. Ges. Fr. Berlin — Sitzungsberichte der Gesellschaft naturforschender Freunde zu Berlin. Berlin. 4, 8.

Schlegel, Abbild. Amph. — Abbildungen neuer oder unvollständig bekannter Amphibien, nach der Natur oder dem Leben entworfen, herausgegeben und mit einem erläuterndcn Texte begleitet von H. Schlegel. Düsseldorf. 1837–44. 8 & 4.

Schneider, Hist. Amph. — Historiae Amphibiorum naturalis et literariae Fasciculus primus (secundus) continens . . . Auctor Ioan. (Johann.) Gottlob Schneider. Jena. 1799, 1801. 8.

Science — Science. A weekly Record of scientific Progress (A weekly Journal devoted to the Advancement of Science, . . .). New York. 4.

Scopoli, Intr. Hist. nat. — Joannis Ant. Scopoli, Introductio ad Historiam naturalem. Pragae. 1777. 8.
Senckenbergiana — Senckenbergiana. Wissenschaftliche Mitteilungen, herausgegeben von der Senckenbergischen Naturforschenden Gesellschaft in Frankfurt a. Main. Frankfurt a. Main. 8.
Singapore Natural. — Singapore Naturalist. Singapore. 8.
Spix, Spec. Lacert. Bras. — Animalia nova sive Species novae Lacertarum, quas in Itinere per Brasiliam Annis 1817—1820 Jussu et Auspiciis Maximiliani Josephi I. Bavariae Regis suscepto collegit et descripsit J. B. de Spix. Monachii. 1825. 2.
Spolia Zeyl. — Spolia Zeylanica. Issued by the Colombo Museum, Ceylon. Colombo. 8.
Stejneger & Barbour, Check List N. Amer. Amph. Rept. — A Check List of North American Amphibians and Reptiles. By Leonhard Stejneger and Thomas Barbour. Ed. 2. Cambridge. 1923. 8.
Svenska Ak. Handl. — Kongliga Svenska Vetenskaps-Akademiens Handlingar. Stockholm. 8(4).
Theobald, Cat. Rept. Brit. Ind. — Descriptive Catalogue of the Reptiles of British India. By William Theobald. Calcutta, Bombay, London. 1876. 8.
Tiedemann, Oppel & Liboschitz, Naturg. Amph. — Naturgeschichte der Amphibien, von Friedrich Tiedemann, Michael Oppel und Joseph Liboschitz. Heidelberg & München. 1817. 2.
Tijdschr. nat. Gesch. — Tijdschrift voor natuurlijke Geschiedenis en Physiologie. Amsterdam, Leyden. 8.
Tornier, Kriechth. D.-O.-Afr. — Die Kriechthiere Deutsch-Ost-Afrikas. Beiträge zur Systematik und Descendenzlehre von Gustav Tornier. Berlin. 1897. 8.
Tr. Amer. phil. Soc. — Transactions of the American philosophical Society held at Philadelphia, for promoting useful Knowledge. Philadelphia. 4.
Treubia — Treubia. Recueil de Travaux zoologiques, hydrobiologiques et océanographiques rédigé par W. M. Doctors van Leeuwen, K. W. Dammerman et A. L. J. Sunier. Department van Landbouw, Nijverheid en Handel. „S Lands Plantentuin.“ [Instituts scientifiques de Buitenzorg]. Weltenvreden —. Batavia. 8.
Tr. zool. Soc. London — Transactions of the zoological Society of London. London. 4.
U. S. Dep. Agric., Techn. Bull. — United States Department of Agriculture. Technical Bulletins. Washington. 8.
Verh. Ges. Wien — Verhandlungen der kaiserlich-königlichen zoologisch-botanischen Gesellschaft in Wien. Wien. 8.
Verh. nat. Gesch. Nederl. Bezitt. — Verhandelingen over de natuurlijke Geschiedenis der Nederlandsche overzeesche Bezittingen, door de Leden der natuurkundige Commissie in Oost-Indië en andere Schrijvers. — Zoologie. Leiden. 1839 bis 1844. 2.
Vidensk. Meddel. — Videnskabelige Meddelelser fra den naturhistoriske Forening Kjøbenhavn for Aarene .... Kjøbenhavn. 8.
Voeltzkow, Reise O.-Afr. — Reise in Ostafrika in den Jahren 1903—1905 mit Mitteln der Hermann und Elise geb. Heckmann-Wentzel-Stiftung ausgeführt von Alfred Voeltzkow. Wissenschaftliche Ergebnisse. Systematische Arbeiten. Stuttgart. 4.
Voy. Ind.-Or. — Voyage aux Indes-Orientales, par le Nord de l'Europe, les Provinces du Caucase, la Géorgie, l'Arménie et la Perse, ... pendent les Années 1825—29, publié par Charles Bélanger. — Zoologie, par Bélanger, Isidore Geoffroy-Saint-Hilaire, Lesson, Valenciennes, Deshayes et Guérin. Cum Atlas. Paris. 1834. 8 & 4.
Wagler, Descr. Amph. — Descriptiones et Icones Amphibiorum. Auctor Joannes Wagler. 3 Partes cum 36 tabulis. Monachii, Stuttgartiae et Tubingae. 1833 (1828, 30, 33). 4.
Wagler, Syst. Amph. — Natürliches System der Amphibien, mit vorangehender Classification der Säugethiere und Vögel. Ein Beitrag zur vergleichenden Zoologie. Von Joh. Wagler. München, Stuttgart und Tübingen. 1830. 8.

Weber, Ergeb. Reise Niederl. O.-Ind. — Zoologische Ergebnisse einer Reise in Niederländisch Ost-Indien. Herausgegeben von Max Weber. Band 1—4. Leiden. 1890—1907. 8.

Wied, Beitr. Naturg. Bras. — Beiträge zur Naturgeschichte von Brasilien, von Maximilian, Prinzen zu Wied. Band 1, 2, 3 I & II, 4 I & II. Weimar. 1825, 26, 30, 31, 32, 33. 8.

Wiegmann, Herpet. Mex. — Herpetologia Mexicana, seu Descriptio Amphibiorum Novae Hispaniae, quae itineribus Comitis de Sack, Ferdinandi Deppe et Chr. Guil. Schiede in Museum Zoologicum Berolinense pervenerunt. Part 1. Saurorum species ... edidit Arend Friedericus Augustus Wiegmann. Berolini. 1834. 2.

Z. Morphol. Ökol. — Zeitschrift für Morphologie und Ökologie der Tiere. Berlin. 8.

Z. Naturw. — Zeitschrift für Naturwissenschaften ([Band 1—54:] Zeitschrift für die gesammten Naturwissenschaften). Halle (Berlin) (Leipzig). 8.

Zool. Anz. — Zoologischer Anzeiger. Leipzig. 8.

Zool. Jahrb., Syst. — Zoologische Jahrbücher. — Abtheilung für Systematik, Geographie und Biologie der Thiere. Jena. 8.

Zoologica — Zoologica. Scientifique Contributions of the New York Zoological Society. New York. 8.

Systematischer Index

Ord. **Loricata**

1816 *Emydo-Sauriens*, Blainville in: Bull. Soc. philom., p. 119 | 1820 *Loricata*, Merrem, Versuch Syst. Amph., p. 34 | 1825 *Emydosauri*, J. E. Gray in: Ann. Phil., ser. 2 *v.* 10 p. 194, 195 | 1830 *Crocodili*, Wagler, Syst. Amph., p. 139 | 1889 *Emydosauria*, Boulenger, Cat. Chelon. Croc. Brit. Mus., ed. 2 p. 273 | 1900 *Loricata*, E. D. Cope in: Rep. U. S. Mus., 1898 p. 161 | 1912 *Emydosauria*, Boulenger, Vert. Fauna Malay, Rept. Batr. p. 1 | 1915 *E.*, Rooy, Rept. Indo-Austral. Archip., *v.* 1 p. 333 | 1919 *Loricata*, K. P. Schmidt in: Bull. Amer. Mus., *v.* 39 p. 416 | 1923 *L.*, Stejneger & Barbour, Check List N.-Amer. Amph. Rept., ed. 2 p. 39 | 1928 *Crocodilia*, Nopcsa in: Palaeobiol., *v.* 1 p. 168 | 1929 *Loricata*, Loveridge in: Bull. U. S. Mus., *v.* 151 p. 13 | 1931 *L.*, M. A. Smith in: Fauna Brit. Ind., Rept. Amph. *v.* 1 p. 32.

Große aquatische Reptilien von eidechsenartiger Gestalt mit wohlentwickelten Gliedmaßen, von denen die vorderen 5 Finger, die hinteren 4 Zehen besitzen (letztere sind miteinander durch Schwimmhäute verbunden) und mit langem, in der Endhälfte seitlich zusammengedrücktem Ruderschwanz, der in der Basalhälfte einen doppelten, in der Endhälfte einen einfachen Kamm von aufrechten, dreieckigen Schuppen besitzt. Zähne in Alveolen eingekeilt, nur im Zwischen-, Ober- und Unterkiefer; Quadratum unbeweglich mit dem Schädel verbunden; Schläfengegend durch 2 horizontale Knochenbogen überbrückt, oben durch das Postfrontale und Squamosum, unten durch das Jugale, Quadratojugale und Quadratum; ein absteigender Knochenpfeiler des Postfrontale geht abwärts zum Jugale und Ektopterygoid (Transversum) und trennt die Orbital- und Infratemporalöffnung; ein großes Palatalforamen jederseits vom Palatinum ist nach unten nur durch die dicke Haut des Gaumendaches von der Mundhöhle abgegrenzt. Sternum und Interclavicula vorhanden; 7—8 „Abdominalrippen“ als Verknöcherungen in den sehnigen Scheiden zwischen den ventralen Myotomen vorhanden, mit den von der Wirbelsäule ausgehenden Rippen nicht in Verbindung, jede aus 4 Knochen bestehend, die miteinander einen nach vorwärts gerichteten Winkel bilden. Haut dick, am Kopf mit dem Schädel verwachsen, auf dem Nacken und Rücken z. T. auch auf dem Bauche mit eingelagerten, in Querreihen stehenden Knochenplatten. Pupille vertikal.

Die Krokodile sind außer durch die angegebenen Merkmale (Fig. 1) auch noch durch zahlreiche andere, weniger auffällige, gekennzeichnet (Fig. 2). Die Nasenlöcher stehen weit vorn auf der Schnauze, sie sind nach aufwärts gerichtet und von den Praemaxillaren umgeben. Die Choanen münden weit hinten innerhalb der Pterygoide, die wie die Palatina und Maxillaria horizontale Platten entsenden, die in der Mittellinie des Gaumens aneinanderstoßend, ein sekundäres Mundhöhlendach bilden (Fig. 2c). Die Augenhöhle steht mit der Infratemporalgrube in Zusammenhang (Fig. 33a). Die Ohröffnung ist durch eine bewegliche Hautduplikatur bedeckt (Fig. 21). Die Wirbel sind procoel, die Rippen tragen z. T. Hakenfortsätze (Processus uncinati).

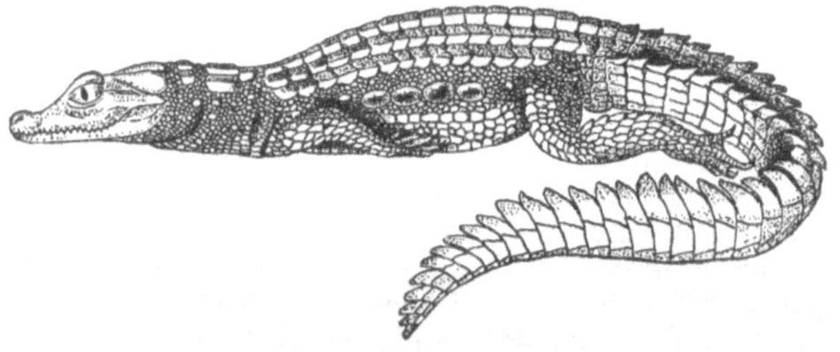

Fig. 1.
Champse vulgaris (Cuv.) Jung. Seitenansicht. (Nach Werner 1908).

Der Schädel ist breit und flach, im Alter mit korrodierter Oberfläche, und besitzt außer der Infratemporalgrube meist auch noch eine obere Schläfengrube (Supratemporalforamen) (Fig. 6), die vom Postfrontale, Squamosum und Parietale begrenzt wird. Die Schnauze ist gleichseitig dreieckig bis sehr langgestreckt, seitlich von dem Oberkieferknochen, vorn von den paarigen

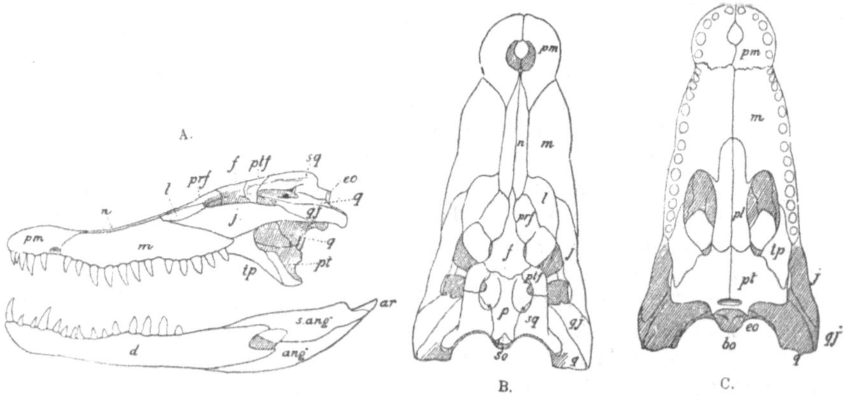

Fig. 2.
Champse palustris (Less.) Schädel von der Seite (A), von oben (B) und von unten (C). *pm* = Praemaxillen, *m* = Maxillen, *l* = Lacrymale, *prf* = Praefontale, *f* = Frontale, *ptf* = Postfrontale, *sq* = Squamosum, *eo* = Exoccipitale, *q* = Quadratum, *qj* = Quadratojugale, *pt* = Pterygoid, *d* = Dentale, *s. ang* = Supraangulare, *ang* = Angulare, *ar* = Articulare, *n* = Nasale, *p* — Parietale, *so* = Supraoccipitale, *pl* = Palatinum, *pt* = Pterygoideum, *bo* = Basioccipitale (nach Gadow 1901).

Zwischenkiefern gebildet. Diese lassen bei alten Exemplaren nicht selten je eine oben ausmündende Öffnung erkennen, die von dem 4. Unterkieferzahn jeweils durchbohrt wird (Fig. 11, 12, 14, 18, 19, 28). Die beiden Hälften des Unterkiefers sind fest miteinander verbunden, dieser besitzt einen mehr oder weniger langen Fortsatz hinter dem Kiefergelenk. Das Spleniale nimmt einen großen Teil der Innenfläche ein (Fig. 4). Die vorderen beiden Halsrippen sind lang, beweglich, die folgenden 5 kurz, beilförmig, dicht aneinander schließend, wodurch die Beweglichkeit des Halses sehr herabgesetzt ist; die 8. und 9. abermals lang und bilden den Übergang zu den Brustrippen (meist 8). Auf diese folgen mehrere kurze Rippen ohne Anschluß an das Sternum. Die letzten 3 Praesacralwirbel tragen keine Rippen.

Im allgemeinen besteht die Wirbelsäule der Krokodile aus 26 praecaudalen Wirbeln (9 Cervical-, 15 Brust- und Lendenwirbel, 2 Sacralwirbel); die Zahl der Caudalwirbel beträgt 34 bis 40 oder noch mehr.

Das Auge besitzt 2 Lider und eine Nickhaut; die Iris ist meist grün, selten braun gefärbt. Die Nasenöffnungen können, ebenso wie die Ohröffnungen, durch Hautklappen geschlossen werden. Die Zunge ist dick, füllt den Raum zwischen den Unterkieferästen aus und ist nicht vorstreckbar.

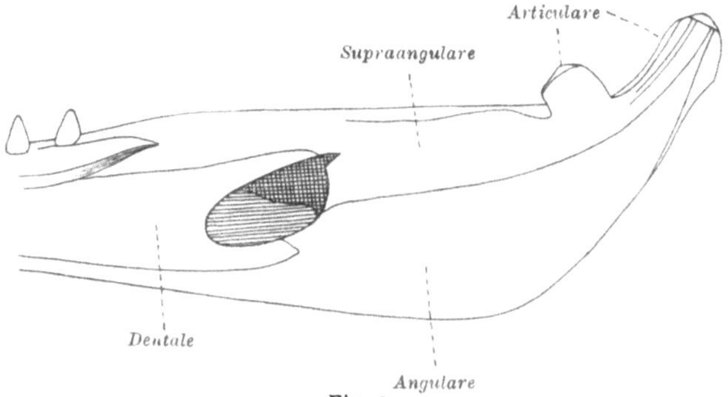

Fig. 3.
Unterkiefer von **Champse vulgaris** (Cuv.) von außen, Hinterhälfte. (Oberflächenskulptur weggelassen). Original.

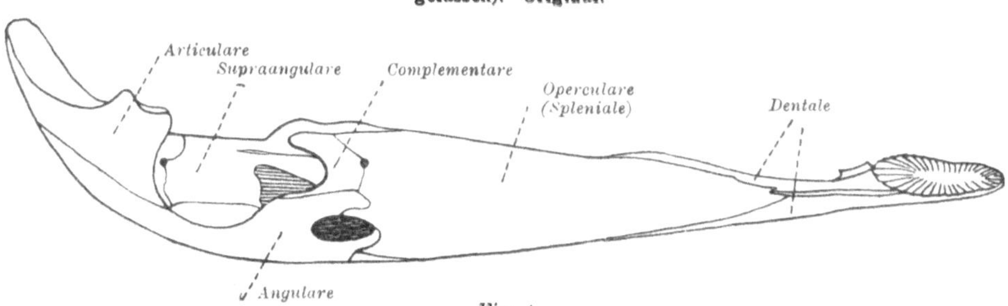

Fig. 4.
Unterkiefer von **Champse vulgaris** (Cuv.), von innen. Original.

Die dicke lederartige Haut der Krokodile läßt auf den verschiedenen Abschnitten der Körperoberfläche eine recht auffällige Differenzierung erkennen. Auf der Schnauze lassen sich unregelmäßige polygonale Schilder unterscheiden (Fig. 10), die in der Medianlinie vergrößert und einer Medianreihe angeordnet zu sein pflegen, an den Seiten aber kleiner sind und bis zum Unterkiefer sich ausbreiten. Der Hinterkopf ist mit 3 großen Schildern (Fig. 10) bedeckt, die nebeneinander gelagert und etwa rechteckig sind. Am Nacken stehen in der Regel 2 oder 4 vergrößerte gekielte Postoccipitalschilder in einer Querreihe, auf die in einiger Entfernung eine Anzahl von sehr großen Nacken-(Nuchal-)schildern folgen, die stark und dachförmig gekielt sind und 2 Längsreihen und 2 oder mehr Querreihen bilden und seitlich noch von ähnlichen flankiert sein können. Die den Rücken deckenden Dorsalschilder stoßen entweder wie bei *Gavialis* und einigen Crocodiliden unmittelbar an die Nuchalschilder an oder sie sind von ihnen durch einen größeren oder kleineren Zwischenraum getrennt; sie sind viereckig, längsgekielt und stehen in 4—8 Längs-

und 16—19 Querreihen meist dicht neben- und hintereinander. An den Rumpfseiten stehen in der Regel vereinzelte, mehr rundliche, gekielte Schilder in einer oder mehreren Längsreihen. Der Schwanz ist mit Wirteln von rechteckigen Schuppen bedeckt, die eine direkte Fortsetzung der Rücken- und Bauchschilder vorstellen. Auf der Basalhälfte des Schwanzes, die oben mehr abgeplattet ist, stehen 2 Reihen seitlich abgeplatteter, aufrechter, dreieckiger Schuppen, die am Ende der Basalhälfte, wo der Schwanz seitlich sich stark abplattet und eine obere Schneide hat, in einer einzigen Reihe verschmolzen sind, die bis zur Schwanzspitze reicht (Fig. 1). Die Bauchseite

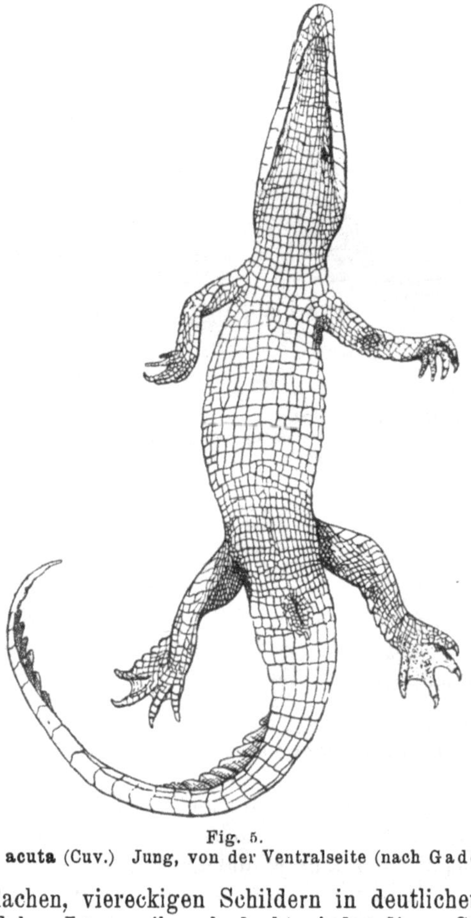

Fig. 5.
Champse acuta (Cuv.) Jung, von der Ventralseite (nach Gadow 1901).

(Fig. 5) ist mit flachen, viereckigen Schildern in deutlichen Querreihen und meist auch ebensolchen Längsreihen bedeckt; jedes dieser Schilder läßt schon mit freiem Auge ein rundes punktförmiges Hautsinnesorgan erkennen (Fig. 8). Den Rückenschildern sind stets Knochenplatten von gleicher Form und Größe unterlagert, während bei den Bauchschildern nur in gewissen Gattungen derartige Knochenplatten unter der Haut liegen.

Die Gliedmaßen sind mit rhombischen, glatten oder meist (am Unterschenkel lateral) gekielten Schuppen bedeckt; die Finger und Zehen tragen kräftige Krallen.

Eine Häutung in der Art wie bei den Eidechsen und Schlangen ist bei den Loricaten nicht bemerkbar; eine Regeneration ist im Zusammenhang mit dem Fehlen vorgebildeter Bruchstellen der Schwanzwirbel, wodurch es nicht zum Abbrechen des Schwanzes kommen kann, auf die Schwanzspitze beschränkt. Die Jungtiere befreien sich mit Hilfe einer an der Schnauzenspitze gelegenen hornigen Schwiele aus dem Ei.

Die Größe erwachsener Tiere schwankt je nach der Art von etwa 1—2 m (*Osteolaemus, Crocodylus*) bis 10 m (*Champse porosa* [J. G. Schn.]). Sekundäre Geschlechtsunterschiede sind nur selten ausgeprägt (Schnauzenaufsatz beim ♂ von *Gavialis*); aber schon solche Exemplare, die noch lange nicht die definitive Größe erreicht haben, können geschlechtsreif sein. ♂ mit unpaarem Copulationsorgan; Moschusdrüsen je 1 Paar zur Seite der Kloake und an der medialen Seite des Unterkiefers ausmündend. Alle Krokodile sind ovipar, die Eier sind von elliptischem Längsdurchschnitt, hartschalig, glatt oder rauh; Brutpflege des Weibchens ist wohl stets zu beobachten, die Eier werden entweder im Ufersand der Flüsse oder in Haufen faulenden Laubes vergraben, bis zum Ausschlüpfen der Jungen bewacht und mit Aufopferung verteidigt.

Die Krokodile sind hauptsächlich in den Tropen verbreitet und nur die Arten der Gattung *Alligator* und *Champse* dringen gegen das palaearktische, bzw. nearktische Gebiet vor. Sie bewohnen Flüsse und Seen, auch brackische Flußmündungen. *Champse porosa* (J. G. Schn.) geht auch ins Meer und gelangt schwimmend weit ins pazifische Inselgebiet (Fidschi). Jedoch sind Süß- und Brackwasser-Krokodile desselben Gebietes der Art nach verschieden, wie *Champse rhombifer* (Cuv.) (Süßwasser) und *acuta* (Brackwasser) auf Cuba; *C. palustris* (Less.) und *porosus* (Schneider) in Indien.

Alle Krokodile sind Raubtiere, die vorwiegend von Fischen leben, aber auch Säugetiere, Vögel und andere Wirbeltiere, die im oder am Wasser leben, überfallen, unter das Wasser ziehen und dort verschlingen. Durch eine Klappe, die vom Hinterrande des Gaumens nach abwärts zieht, eine Art Gaumensegel bildend, sowie durch den wulstartig emporragenden Pharynx-Hinterrand des Zungenbeinkörpers, kann die Mundhöhle nach hinten vollkommen abgeschlossen werden. Die Tiere können daher im Wasser bei offenem Rachen atmen, wobei die durch die über dem Wasserspiegel emporgehaltenen Nasenlöcher eingeatmete Luft durch die langen Choanen, die ganz in Knochenröhren eingeschlossen sind, in den Rachenraum gelangt und der längsgerichteten, schlitzförmigen Öffnung des Kehlkopfes (Glottis) zugeführt wird.

Die Krokodile der Jetztzeit bilden nur 3 Familien mit 8 Gattungen und 24 sicheren Arten, 3 Unterarten und 1 unsicheren Art.

Bestimmungstabelle der Familien:

1 { Knochenblasen des ♂ zu beiden Seiten der Palatina nur von den Pterygoiden gebildet (bullae pterygoideae); Schnauze am Ende stark erweitert; Zähne sehr lang, schlank, nach außen gerichtet, 27 bis 29 oben, 25 bis 26 unten jederseits; Orbitalvorderrand stark vorgezogen; Jugale außen stark grubig. Unterkiefersymphyse reicht bis zum 23. oder 24. Zahn. Nasenbeine weit von den Zwischenkiefern entfernt. Interorbitalregion breit, Supratemporalgruben sehr groß . . . . 1. Fam. **Gavialidae**

Knochenblasen des ♂ fehlend oder vom Pterygoideum und Palatinum gebildet, durch die vertikale Knochenplatte des ersteren voneinander getrennt (bullae pterygopalatinae); Schnauze am Ende nicht stark erweitert; Zähne kurz, dreieckig, mehr vertikal stehend, nicht mehr als 21 oben, 22 unten jederseits; Orbitalvorderrand nicht vorgezogen; Jugale außen glatt; Unterkiefersymphyse reicht nicht über den 15. Unterkieferzahn hinaus. Nasenbeine bis zum Zwischenkiefer reichend. Interorbitalregion schmal. Supratemporalgruben kleiner oder fehlend — 2

2 4. Unterkieferzahn in eine Kerbe des Oberkiefers passend; Zungenbeinhörner nach hinten nicht erweitert; $\frac{16-21}{14-19}$ Zähne jederseits. Mandibularzähne beißen zwischen die Maxillarzähne . . . . 2. Fam. **Crocodilidae**

4. Unterkieferzahn in eine Grube im Oberkiefer hineinpassend; Zungenbeinhörner nach hinten stark erweitert; $\frac{17-20}{17-22}$ Zähne jederseits; Mandibularzähne beißen medial von den Maxillarzähnen . . . . . . 3. Fam. **Alligatoridae**

1. Fam. **Gavialidae**

1860 *G.*, Huxley in: J. Linn. Soc. London, *v.* 4 p. 20.

Knochenblasen des ♂ zu beiden Seiten der Palatina, nur von den Pterygoiden gebildet; Schnauze am Ende stark erweitert; Zähne sehr lang, schlank, nach außen gerichtet; 27—29 oben, 25—26 unten jederseits. Orbitalvorderrand stark vorgezogen; Jugale außen stark grubig; Unterkiefersymphyse reicht bis zum 23. oder 24. Zahn. Nasalia von den Zwischenkiefern weit entfernt; Interorbitalregion breit, Supratemporalgruben sehr groß.

Rezent nur im tropischen Asien.

1 Gattung mit 1 Art.

1. Gen. **Gavialis** Opp.

1811 *G.*, Oppel, Ordn. Rept., p. 19 | 1830 *Rhamphostoma*, Wagler, Syst. Amph., p. 141 | 1836 *Gavialis*, C. Duméril & G. Bibron, Erpét., *v.* 3 p. 132 | 1844 *G.*, J. E. Gray, Cat. Tort. Croc. Brit. Mus., p. 57 | 1860 *G.*, Huxley in: J. Linn. Soc. London, *v.* 4 p. 20 | 1864 *G.*, Alb. Günther, Rept. Brit. Ind., p. 63 | 1866 *G.* (part.), Strauch in: Mém. Ac. St. Pétersb., ser. 7 *v.* 10 nr. 13 p. 62 | 1872 *G.*, J. E. Gray, Cat. Shield Rept. Brit. Mus., *v.* 2 p. 5 | 1876 *Gharialis*, W. Theobald, Cat. Rept. Brit. Ind., p. 37 | 1889 *Gavialis*, Boulenger, Cat. Chelon. Croc. Brit. Mus., ed. 2 p. 275 | 1890 *G.*, Boulenger in: Fauna Brit. Ind., Rept. Batr. p. 3 | 1931 *G.*, M. A. Smith in: Fauna Brit. Ind., Rept. Amph. *v.* 1 p. 37.

27—29 Zähne oben, 25—26 unten jederseits; die vordersten am größten, die seitlichen ungefähr gleich; der 1., 2. und 3. Unterkieferzahn paßt in je eine Auskerbung des Oberkiefers. Im Vergleich mit anderen Krokodilen sind die Zähne auffallend lang und schlank, ziemlich deutlich schief nach außen gerichtet. Schnauze äußerst verlängert und schmal, am Ende erweitert; Nasenbeine verhältnismäßig kurz, von den Zwischenkiefern weit entfernt; Vorderrand der Orbita stark vorgezogen. Interorbitalgegend sehr breit, bei erwachsenen Tieren breiter als die Orbita; auch Supraorbitalforamen sehr groß. Postarticularfortsatz doppelt so lang wie die Orbita. Jugale stark grubig. Unterkiefersymphyse bis zum 23. oder 24. Zahn reichend, das Spleniale einschließend. Ein Dorsalschild von 4 Längsreihen von nebeneinander gelagerten, gekielten Knochenschildern, von dem Nackenschild nicht getrennt.

1. **G. gangeticus** (Gm.-L.) 1789 *Lacerta gangetica*, J. F. Gmelin-Linné, Syst. Nat., ed. 13 *v.* 1 III p. 1057 | 1801 *Crocodilus longirostris*, J. G. Schneider, Hist. Amph., *v.* 2 p. 160 | 1802 *C. l.* + *arctirostris*, Daudin, Hist. Rept., *v.* 2 p. 289, 393 | 1807 *C. l.* + *tenuirostris*, G. Cuvier in: Ann. Mus. Paris, *v.* 10 p. 60 t. 1 f. 2 & 10, p. 61 t. 1 f. 1 & 11 | 1817 *C. t.*, Tiedemann, Oppel & Liboschitz, Naturg. Amph., p. 83 t. 15 | 1829 *Gavialis t.*, Guérin-Méneville, Iconogr. Règne an., *v.* 3 Rept. t. 2 f. 3 | 1830 *Rhamphostoma t.*, Wagler, Syst. Amph., p. 141 | 1831 *Gavialis gangeticus*, J. E. Gray, Syn. Rept.,

v. 1 p. 56 | 1836 *G. g.*, C. Duméril & G. Bibron, Erpét., *v.* 3 p. 134 t. 36 f. 4 | 1844 *G. g.*, J. E. Gray, Cat. Tort. Croc. Brit. Mus., p. 57 | 1864 *G. g.*, Alb. Günther, Rept. Brit. Ind., p. 63 | 1866 *G. g.*, Strauch in: Mém. Ac. St.-Pétersb., ser. 7 *v.* 10 nr. 13 p. 63 | 1872 *G. g.*, J. E. Gray, Cat. Shield Rept. Brit. Mus., *v.* 2 p. 5 | 1884 *G. g.*, Murray, Vert. Zool. Sind, p. 345 | 1889 *G. g.*, Boulenger, Cat. Chelon. Croc. Brit. Mus., ed. 2 p. 275 | 1890 *G. g.*, Boulenger in: Fauna Brit. Ind., Rept. Batr. p. 3 | 1897 *G. g.*, Smoothbore in: J. Bombay Soc., *v.* 11 p. 153 | 1901 *G. g.*, Gadow in: Cambridge nat. Hist., *v.* 8 p. 452 f. 106 | 1912 *G. g.*, Annandale in: Rec. Ind. Mus., *v.* 8 p. 38 | 1914 *G. g.*, S. Flower in: Rep. Zool. Miss. Ind., nr. 26 p. 18—32 | 1915 *G. g.*, Annandale in: Mem. Ind. Mus., *v.* 5 p. 172 | 1921 *G. g.*, Shortt in: J. Bombay Soc., *v.* 28 p. 75 t. 2 | 1925 *G. g.*, Pitman in: ibid., *v.* 30 p. 703 | 1929 *G. g.*, C. G. Barton in: ibid., *v.* 33 p. 450 | 1929 *G. g.*, M. A. Smith in: ibid., p. 995 | 1931 *G. g.*, M. A. Smith in: Fauna Brit. Ind., Rept. Amph. *v.* 1 p. 39.

A. B.

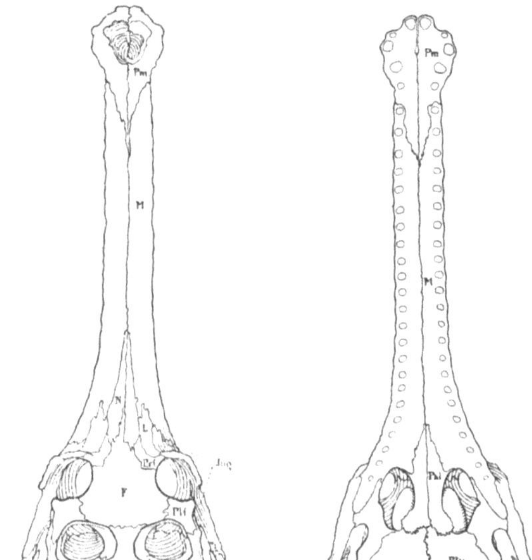

Fig. 6.
Gavialis gangeticus (Gm.-L.). Schädel von oben (A) und unten (B). Bezeichnung wie in Fig. 2 (nach Gadow 1901).

Schnauze $3^1/_2$ (erwachsen) bis $5^1/_2$ (jung) mal so lang wie an der Basis breit. Die Nacken- und Rückenschilder in zusammen 21—22 Quer- und 4 Längsreihen; dazu noch manchmal eine laterale Reihe von kleineren, weniger regelmäßig angeordneten Schildern jederseits davon; 2 kleine Postoccipitalschilder. Mittlerer Finger mit $^1/_3$, die lateralen Zehen mit $^2/_3$ Schwimmhäuten. Ein starker, gesägter Schuppensaum längs der Lateralseite der Gliedmaßen. ♂ mit einer großen hohlen, knorpligen, knollenförmigen Erweiterung am Schnauzenende.

Oberseite olivenfarbig, Unterseite gelblich oder weißlich; Jungtiere heller, dunkel gefleckt oder gebändert.

Länge des ♂ bis $6^1/_2$ m; ♀ kleiner. Eier 85—90 × 65—70 mm.

Indus, Ganges, Mahanadi und Brahmaputra und ihre Nebenflüsse; Kaladan-Fluß, Arakan, Mündung des Maingtha, eines Nebenflusses des Sveli-Flusses in Ober-Burma (Irawaddy-System).

Aus dem Pliocän von Indien (Siwalik-Schichten) und Äthiopien bekannt. (*Tomistoma brumpti* Joleaud ist nach Boulenger identisch mit dieser Art.)

2. Fam. **Crocodilidae**

1860 *C.*, Huxley in: J. Linn. Soc. London, *v.* 4 p. 6.

Knochenblasen des ♂ Schädels von Pterygoideum und Palatinum gebildet, von der vertikalen Knochenplatte des ersteren voneinander getrennt (bullae pterygopalatinae); Schnauze am Ende nicht stark erweitert; Zähne dreieckig, vertikalstehend $\frac{16-21}{14-19}$ jederseits; Orbitalvorderrand nicht vorgezogen; Jugale außen glatt. Unterkiefersymphyse reicht nicht über den 15. Unterkieferzahn

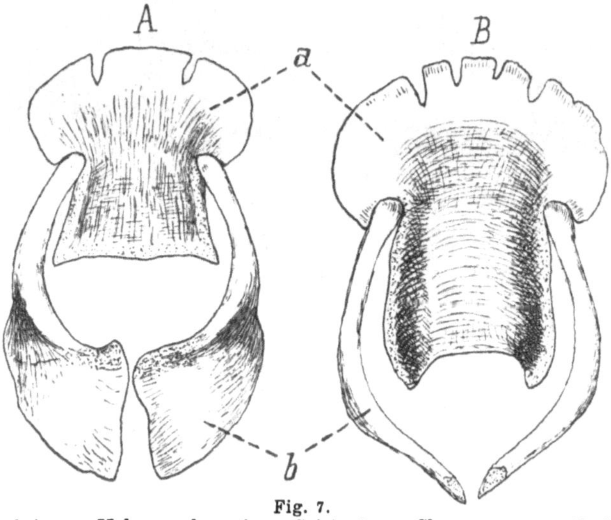

Fig. 7.
A Zungenbein von **Melanosuchus niger** (Spix), *B* von **Champse porosa** (J. G. Schn.) (nach L. Müller 1924). *a* Zungenbeinkörper, *b* Zungenbeinhörner.

hinaus; Nasenbeine bis zum Zwischenkiefer reichend; Interorbitalregion (Fig. 7 B) schmal; Supratemporalgruben klein. Zungenbeinhörner nach hinten nicht verbreitert. Basales Bogenstück des Atlas kurz und hoch; Atlasrippen kräftig (Fig. 27 B), wenig divergierend.

Tropen der Alten und Neuen Welt, in der palaearktischen Region noch in Nordafrika und Nordsyrien, in der nearktischen noch in Florida erhalten geblieben.

3 Gattungen, 16 Arten.

Bestimmungstabelle der Gattungen:

1 { $\frac{20-21}{18-19}$ Zähne jederseits, Unterkiefersymphyse bis zum 14. oder 15. Zahn reichend; Spleniale bis zur Symphyse reichend . . . . 1. Gen. **Tomistoma**
{ $\frac{16-19}{14-15}$ Zähne jederseits; Unterkiefersymphyse nicht über den 8. Zahn reichend; Spleniale die Symphyse nicht erreichend — **2**

2 { Kein knöchernes Nasenseptum; Iris grün . . . . 2. Gen. **Champse**
{ Knöchernes Nasenseptum meist vorhanden; Iris braun . 3. Gen. **Osteolaemus**

1. Gen. **Tomistoma** S. Müll.

1846 *T.*, S. Müller in: Arch. Naturg., p. 122 | 1860 *Rhynchosuchus*, Huxley in: J. Linn. Soc. London, *v.* **4** p. 16 | 1866 *Gavialis* (part.), Strauch in: Mém. Ac. St.-Pétersb., ser. 7 *v.* 10 nr. 13 p. 62 | 1872 *Tomistoma*, J. E. Gray, Cat. Shield Rept. Brit. Mus., *v.* 2 p. 6 | 1889 *T.*, Boulenger, Cat. Chelon. Croc. Brit. Mus., ed. 2 p. 276.

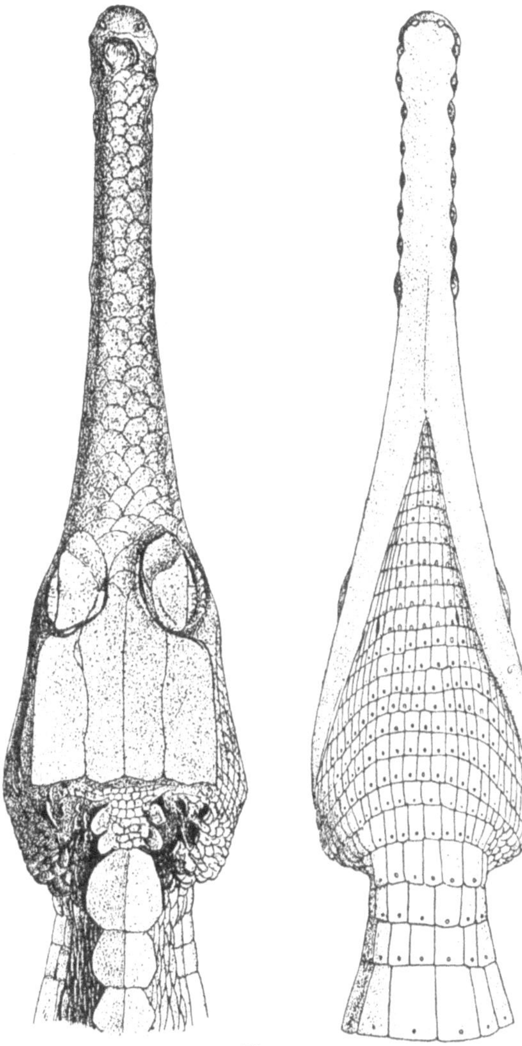

Fig. 8.
Tomistoma schlegelii (S. Müll.) Von oben und unten (nach Rooy 1915).

20—21 Zähne oben, 18—19 unten jederseits; die seitlichen Unterkieferzähne in Gruben des Oberkiefers passend; 5. Oberkieferzahn am größten; 1. und 4. Unterkieferzahn passen in Auskerbungen des Oberkiefers. Schnauze sehr lang und schmal; Nasenbeine nicht bis zur Nasenöffnung reichend, in Berührung mit den Zwischenkiefern; Nasenöffnungen kleiner als die Supratemporalgruben; eine kleine Knochenplatte im oberen Augenlid. Unterkiefersymphyse sehr lang, bis zum 14. oder 15. Zahn reichend. Ein Rückenschild von 4 Längsreihen von nebeneinandergelagerten, gekielten Knochenschildern, in Zusammenhang mit den Nackenschildern.

Borneo, Sumatra, Malayische Halbinsel.

1 Art.

1. **T. schlegelii** (S. Müll.) 1838 *Crocodilus (Gavialis) s.*, S. Müller in: Tijdschr. nat. Gesch., *v.* 5 p. 77 t. 3 | 1844 *C. s.*, Schlegel & S. Müller in: Verh. nat. Gesch. Nederl. Bezitt., Rept. p. 18 t. 1—3 | 1844 *Mecistops Journei* (part.), J. E. Gray, Cat. Tort. Croc. Brit. Mus., p. 58 | 1860 *Rhynchosuchus schlegelii,* Huxley in: J. Linn. Soc. London, *v.* 4 p. 18 | 1864 *Crocodilus s.*, Blainville, Ostéogr., Rept. | 1866 *Gavialis S.*, Strauch in: Mém. Ac. St.-Pétersb., ser. 7 *v.* 10 nr. 13 p. 62 | 1867 *Tomistoma S.*, J. E. Gray in: Tr. zool. Soc. London, *v.* 6 p. 134 | 1872 *T. s.*, J. E. Gray, Cat. Shield Rept. Brit. Mus., *v.* 2 p. 6 | 1889 *T. s.*, Boulenger, Cat. Chelon. Croc. Brit. Mus., ed. 2 p. 276 | 1890 *T. s.*, M. Weber, Ergeb. Reise Niederl. O.-Ind., *v.* 1 p. 176 | 1896 *T. s.*, Boulenger in: P. zool. Soc. London, p. 628 | 1896 *T. S.*, Lenz in: Mt. Geogr. Ges. Lübeck, ser. 2 *v.* 10 p. 146 f. 1—4 | 1899 *T. s.*, S. Flower in: P. zool. Soc. London, p. 622 | 1905 *T. s.*, A. L. Butler in: J. feder. Malay Mus., *v.* 1 p. 1 | 1912 *T. s.*, Boulenger, Vert. Fauna Malay, Rept. Batr. p. 3 | 1915 *T. s.*, Rooy, Rept. Indo-Austral. Archip., *v.* 1 p. 335 f. 129, 130.

Schnauze 3—3½ mal so lang wie an der Basis breit; Nacken und Rückenschilder zusammen in 22 Querreihen angeordnet, die breitesten Dorsalreihen aus 6 Schildern zusammengesetzt, die 4 vordersten Nuchalreihen nur aus 2, alle gekielt; 2 kleine Postoccipitalschilder vorhanden. Finger an der Basis durch Schwimmhaut verbunden; laterale Zehen mit breiten Schwimmhäuten; ein starker gesägter Schuppenkamm am Lateralrande der Hintergliedmaßen.

Oberseite olivenfarbig, schwarzbraun gefleckt; Rücken öfters, Schwanz stets mit dunklen Querbinden; Unterseite weiß, Iris gelblichbraun.

Länge bis 4,70 m. Eier 97—109 × 64 mm.

Borneo, Sumatra, Malayische Halbinsel.

2. Gen. **Champse** Merr.

1807 *Crocodilus* (nec Laurenti), G. Cuvier in: Ann. Mus. Paris, *v.* 10 p. 40 | 1820 *Champse*, Merrem, Versuch Syst. Amph., p. 36 | 1830 *Crocodilus*, Wagler, Syst. Amph., p. 140 | 1836 *C.*, C. Duméril & G. Bibron, Erpét., *v.* 3 p. 93 | 1844 *C.* (= subgen. *Oopholis* + *Palinia* + *Motinia* + *C.*) + *Mecistops*, J. E. Gray, Cat. Tort. Croc. Brit. Mus., p. 58, 60, 61, 57 | 1860 *Crocodilus* + *Mecistops*, Huxley in: J. Linn. Soc. London, *v.* 4 p. 6, 15 | 1862 *Bombifrons* + *Temsacus,* J. E. Gray in: Ann. nat. Hist., ser. 3 *v.* 10 p. 266, 272 | 1864 *Crocodilus*, Alb. Günther, Rept. Brit. Ind., p. 60 | 1866 *C.* (part.), Strauch in: Mém. Ac. St.-Pétersb., ser. 7 *v.* 10 nr. 13 p. 28 | 1872 *C.* + *Bombifrons* + *Temsacus*, J. E. Gray, Cat. Shield Rept. Brit. Mus., *v.* 2 p. 14, 9, 18 | 1874 *Philas*, J. E. Gray in: P. zool. Soc. London, p. 177 | 1889 *Crocodilus,* Boulenger, Cat. Chelon. Croc. Brit. Mus., ed. 2 p. 277.

Kein knöchernes Nasenseptum. Iris grün; Oberseite jüngerer Tiere olivengrün oder hellbraun, mit dunklen Flecken oder Querbinden.

Verbreitung: Florida bis nördl. Südamerika, große Antillen; Afrika mit Ausnahme des nördlichsten und südlichsten Teils; Madagaskar; Palästina (Norden); tropisches Asien, Neuguinea, Bismarck- und Salomon-Archipel, Fidschi-Inseln, Neue Hebriden; Nord-Australien.

13 Arten.

Bestimmungstabelle der Arten:

1 { Schnauze sehr lang, Gavial-ähnlich, wenigstens 2 mal so lang wie an der Basis breit; Unterkiefersymphyse bis zum Niveau des 6., 7. oder 8. Zahnes reichend. Praemaxillo-Maxillarsutur nach hinten vorgezogen — **2**
Schnauze nicht mehr als 2¼ mal so lang wie an der Basis breit; Unterkiefersymphyse bis zum Niveau des 4. oder 5. Zahnes reichend — **4**

2 { 4 Nuchalschilder, in 2 Längsreihen, mit den Dorsalschildern mehr oder weniger deutlich in Zusammenhang, diese in 18 oder 19 Querreihen; Lateralzehen mit $^2/_3$ Schwimmhäuten . . . . 2. **C. cataphracta**
6 Nuchalschilder, 4 im Quadrat, je eines jederseits davon; Lateralzehen bis zu der Spitze durch Schwimmhäute verbunden — **3**

3 { Dorsalschilder von den Nuchalschildern nur wenig getrennt; in 19 Querreihen . . . . 1. **C. johnsoni**
Dorsalschilder von den Nuchalschildern weit getrennt; in 16 Querreihen . . . . 3. **C. intermedia**

4 { Schnauze mehr als $1\frac{1}{2}$mal so lang wie an der Basis breit; Praemaxillo-Maxillarsutur am Gaumen nach hinten gerichtet — **5**
Schnauze nicht mehr als $1\frac{1}{2}$mal so lang wie an der Basis breit; Praemaxillo-Maxillarsutur am Gaumen meist quer oder nach vorn gebogen — **9**

5 { Occipitalschilder meist fehlend, selten klein; eine knöcherne Leiste vor jedem Auge schief nach vorn und medianwärts ziehend . . . . 4. **C. porosa**
Occipitalschilder stets vorhanden und groß; Praeorbitalleiste fehlend oder sehr kurz — **6**

6 { Schnauze mit einer medianen Längsleiste . . . . 6. **C. acuta**
Schnauze ohne mediane Längsleiste — **7**

7 { Palatina nach hinten verbreitert und nach lateral vorgezogen, so daß sie miteinander einen Winkel bilden. Praemaxillo-Maxillarsutur am Gaumen nach hinten gerichtet. Eine kurze stumpfe Praeorbitalleiste . . . . 5. **C. novaeguineae**
Palatina hinten quer abgestutzt; Praemaxillo-Maxillarsutur quer oder nach vorn gerichtet — **8**

8 { Eine mediane Längsleiste auf der Stirn oder 2 hintereinander, zwischen den Augen eine sehr kurze Längsleiste vor jedem Auge; Schwimmhäute zwischen den Zehen tief ausgeschnitten . . . . 7. **C. siamensis**
Keine mediane Längsleiste auf der Stirn zwischen den Augen; keine Längsleiste vor dem Auge, Schwimmhäute zwischen den Zehen wenig ausgerandet . . . . 8. **C. vulgaris**

9 { Schnauze etwa $1\frac{1}{2}$mal so lang wie an der Basis breit — **10**
Schnauze nur wenig länger als an der Basis breit, flach; ohne Praeorbitalleisten; Oberschenkel mit gekielten Schuppen; Dorsalschilder in 5 oder 6 Längsreihen — **12**

10 { Schuppen an den Gliedmaßen vollkommen glatt . . . . . 11. **C. moreletii**
Schuppen an den Gliedmaßen stark gekielt — **11**

11 { Lateralzehen mit halber Schwimmhaut, eine kurze Knochenleiste vom Augenvorderrand nach vorn und einwärts . . 10. **C. rhombifer**
Lateralzehen durch ganze Schwimmhaut verbunden. Keine Spur einer knöchernen Praeorbitalleiste . . . . 9. **C. palustris**

12 { Kamm am Hinterrande des Unterschenkels vorhanden; Schwimmhäute zwischen den Zehen kurz; Schwanz mit 17 + 18 Wirteln . . . . 12. **C. brevirostris**
Kein Unterschenkelkamm; Schwimmhäute zwischen den Zehen bis zu den Krallen reichend, Schwanz mit nur 29 Wirteln . . . . 13. **C. planirostris**

1. **C. johnsoni** (Krefft) 1873 *Crocodilus j.*, G. Krefft in: P. zool. Soc. London, p. 334 | 1874 *Philas johnstoni*, J. E. Gray in: ibid., p. 177 t. 27 | 1889 *Crocodilus j.*, Boulenger, Cat. Chelon. Croc. Brit. Mus., ed. 2 p. 279 | 1901 *C. J.*, Hann in: P. R. Soc. Queensl., *v.* 16 p. 21 | 1904 *C. j.*, J. D. Ogilby in: ibid., *v.* 18 p. 201 | 1905 *C. johnstonii*,

J. D. Ogilby in: ibid., *v.* 19 p. 4 | 1909 *C. johnstoni*, Mattingley in: A. H. S. Lucas & D. Le Souëf, An. Austral., p. 189 (Photo nach dem Leben) | 1918 *C. j.*, Basedow in: P. R. Geogr. Soc. Austral., *v.* 18 p. 226 | 1921 *C. j.*, Mook in: Bull. Amer. Mus., *v.* 44 p. 173 | 1925 *C. johnsoni*, Longman in: Mem. Queensl. Mus., *v.* 8 II p. 95 t. 23, 24.

19—21 Zähne; Schnauze sehr lang (Fig. 9), ohne deutliche Längsleisten, in der Jugend $1^3/_4$ mal, später bis 3 mal, bei Erwachsenen bis $2^1/_4$ mal so lang wie breit; Unterkiefersymphyse bis zum 6. oder 7. Zahn reichend; Praemaxillaria lang, in lange dünne Fortsätze ausgezogen, die mit ebensolchen Fortsätzen der Nasalia in der Mitte der Schnauzenoberseite zusammentreffen. Praemaxillo-Maxillarsutur am Gaumen nach hinten und medianwärts gerichtet. 6 große Nuchalia, vier im Quadrat und je eines seitlich davon, 4 ovale Occipitalia in einer Querreihe hinter dem Occiput; das mittlere Paar getrennt; Dorsalpanzer von dem nuchalen nur wenig getrennt;

Fig. 9.
Champse johnsoni (Krefft) (nach Gray 1874).

bestehend aus 2 Paaren, dann einer Querreihe von 4 Schildern, hinter denen die regulären 6 (in der Rückenmitte bisweilen 8) Schilder umfassenden Querreihen. Lateralschilder mehr unregelmäßig angeordnet; die vorderen Schilder greifen etwas über die folgenden hinüber, in der Medianlinie sind sie durch eine Naht verbunden. Von der 1. Querreihe von 4 Schildern bis über die Kloakenspalte zählt man 18 Querreihen, zwischen den Hinterbeinen nur 4; Schwanzschuppen in 28 Querreihen. Nicht nur die großen Schilder auf der Dorsalseite, sondern auch die kleinen an den Seiten, sowie die Schuppen auf der Lateralseite der Gliedmaßen sind gekielt. Keine Schwimmhaut zwischen den Fingern, wohl aber geht die Schwimmhaut zwischen den lateralen Zehen bis zur Spitze derselben. Hinterbeine hinten mit gezähntem Schuppenkamm.

Oberseite olivenfarbig, dicht schwarz gefleckt; Unterseite gelblich.

Länge 2,34 m; wird wahrscheinlich noch etwas größer.

Fort Darwin, Phillips River West-Australien, Forest-River, Nordwest-Australien; Cashmere, Oberer Herbert River, Queensland; Wickham River, N. Territory, Queensland, Burketown, Queensland; Hutberts Hole, Flinders River unterhalb Richmond, Nordwest-Queensland.

2. **C. cataphracta** (Cuv.) 1824 *Crocodilus cataphractus*, G. Cuvier, Rech. Ossem foss., ed. 2 *v.* 5 II p. 58 t. 5 f. 1—2 | 1835 *C. leptorhynchus*, Bennett in: P. zool. Soc. London, *v.* 3 p. 129 | 1836 *C. cataphractus*, C. Duméril & G. Bibron, Erpét., *v.* 3 p. 126 | 1844 *Mecistops Bennettii* + *cataphractus*, J. E. Gray, Cat. Tort. Croc. Brit. Mus., p. 57, 58 | 1851 *Crocodilus leptorhynchus*, C. & A. Duméril, Cat. Collect. Rept., p. 29 | 1860 *C.l.* + *C. cataphractus*, A. Duméril in: Arch. Mus. Paris, *v.* 10 p. 171 t. 14 f. 1, 2 |

1866 *C. c.*, Strauch in: Mém. Ac. St.-Pétersb., ser. 7 *v.* 10 nr. 13 p. 59, 106 | 1867 *Mecistops c.*, J. E. Gray in: Tr. zool. Soc. London, *v.* 6 p. 157 t. 32 f. 1—3 | 1869 *Crocodilus c.*, Strauch in: Bull. Ac. St.-Pétersb., *v.* 13 p. 58 | 1872 *Mecistops c.*, J. E. Gray, Cat. Shield Rept. Brit. Mus., *v.* 2 p. 22 | 1877 *Crocodilus c.*, Giebel in: Z. Naturw., ser. 3 *v.* 2 p. 105 t. 7—10 | 1889 *C. c.*, Boulenger, Cat. Chelon. Croc. Brit. Mus., ed. 2 p. 279 | 1895 *C. c.*, Bocage, Herpét. Angola, p. 9 | 1897 *C. c.*, Sjöstedt in: Bih. Svenska Ak., *v.* 23 Afd. 4 nr. 2 p. 7 | 1900 *C. c.*, Boulenger in: P. zool. Soc. London, p. 447 | 1901 *Mecistops c.*, Tornier in: Arch. Naturg., *v.* 67 Beih. p. 66 | 1902 *M. c.*, Tornier in: Zool. Jahrb., Syst. *v.* 15 p. 579, 663 | 1902 *Crocodilus c.*, F. Werner in: Verh. Ges. Wien, *v.* 52 p. 348 | 1913 *Mecistops c.*, Nieden in: Mt. Mus. Berlin, *v.* 7 p. 53 | 1919 *Crocodylus c.*, K. P. Schmidt in: Bull. Amer. Mus., *v.* 39 p. 417 f. 3, 4, 5 t. 12 f. 1 | 1927 *Crocodilus c.*, Witte in: Rev. zool. Afr., *v.* 14 p. (65—79) f. 2—3.

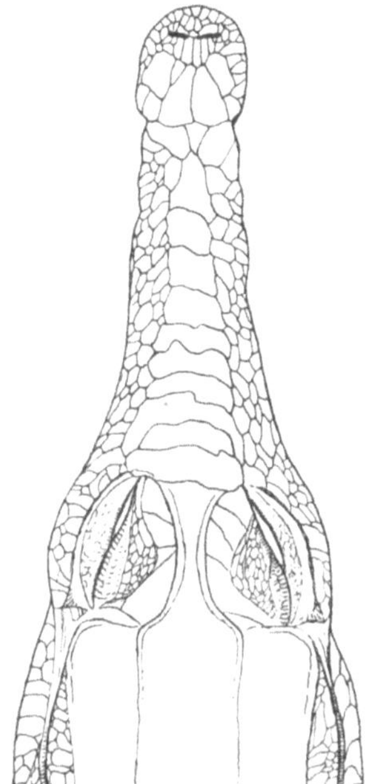

Fig. 10.
Champse cataphracta (Cuv.) Jungtier, von oben (Original).

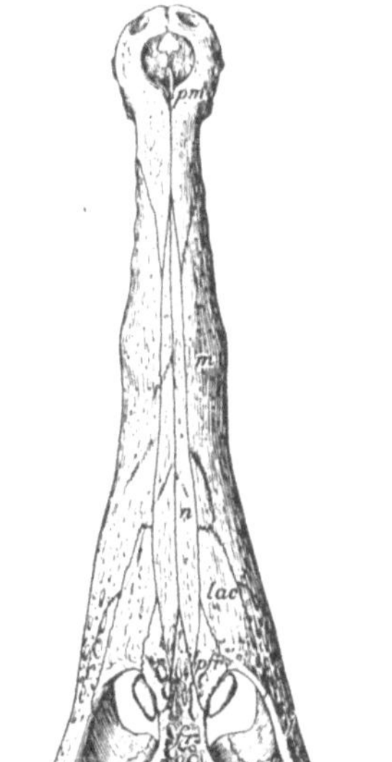

Fig. 11.
Champse cataphracta (Cuv.) Schädel von oben (nach K. P. Schmidt 1919).

17—18 Zähne in der oberen Kieferhälfte. Schnauze sehr lang und schlank (Fig. 10), $2^2/_3$—$3^1/_4$ so lang wie an der Basis breit, ohne deutliche Leisten; Nasalia erreichen die Praemaxillaria, aber nicht das Nasenloch (Fig. 11). Unterkiefersymphyse lang, bis zum 7. oder 8. Zahn reichend; Praemaxillo-Maxillarsutur am Gaumen nach hinten und medianwärts gerichtet. Oberkiefer eine mediane Sutur hinter der Nasenöffnung bildend. 2 Paare von großen Nuchalschildern, die von den Dorsalschildern wenig oder nicht getrennt sind; diese in 18—19 Querreihen, die 4. oder 5. bis 15. aus 6 Schildern bestehend; Seiten mit großen, gekielten Schildern; Kehl- und Bauchschilder im Alter verknöchert. 2. und 3. Finger durch eine kurze

Schwimmhaut verbunden; Lateralzehen mit $^2/_3$ Schwimmhaut; Lateralrand des Hinterbeines mit gesägtem Schuppenkamm, Schuppen der Gliedmaßen stark gekielt.

Oberseite schwärzlich olivenfarbig, Unterseite gelblich; Jungtiere hellolivenbraun, mit großen, schwarzen Flecken.

Länge wenig über 2 m.

Flüsse West-Afrikas vom Senegal bis zum Congo; Luitsche-Fluß am Tanganyika, Udschidschi, Deutsch-Ostafrika.

3. **C. intermedia** (L. Graves) 1819 *Crocodilus intermedius*, L. Graves in: Ann. gén. Sci. phys., *v.* 2 p. 344 | 1824 *C. Journei*, Bory in: Dict. class. Hist. nat., *v.* 5 p. 111 | 1836 *C. j.*, C. Duméril & G. Bibron, Erpét., *v.* 3 p. 129 | 1844 ***Mecistops J.*** (part.), J. E. Gray, Cat. Tort. Croc. Brit. Mus., p. 58 | 1860 *Crocodilus j.* (part.), A. Duméril in: Arch. Mus. Paris, *v.* 10 p. 172 | 1860 *C. j.*, Huxley in: J. Linn. Soc. London, *v.* 4 p. 11 | 1861 ***Mecistops bathyrhynchus***, E. D. Cope in: P. Ac. Philad., [1860] p. 550 | 1862 ***Molinia intermedia***, J. E. Gray in: Ann. nat. Hist., ser. 3 *v.* 10 p. 272 | 1865 ***Mecistops bathyrhynchus***, E. D. Cope in: P. Ac. Philad., p. 185 | 1866 ***Crocodilus intermedius***, Strauch in: Mém. Ac. St.-Pétersb., ser. 7 *v.* 10 nr. 13 p. 58 | 1867 ***Molinia intermedia***, J. E. Gray in: Tr. zool. Soc. London, *v.* 6 p. 151 f. 9, 10 t. 32 f. 4—6 | 1872 *M. i.*, J. E. Gray, Cat. Shield Rept. Brit. Mus., *v.* 2 p. 18 | 1884 ***Crocodilus intermedius***, Lütken in: Vidensk. Meddel., p. 61 | 1889 *C. i.*, Boulenger, Cat. Chelon. Croc. Brit. Mus., ed. 2 p. 280.

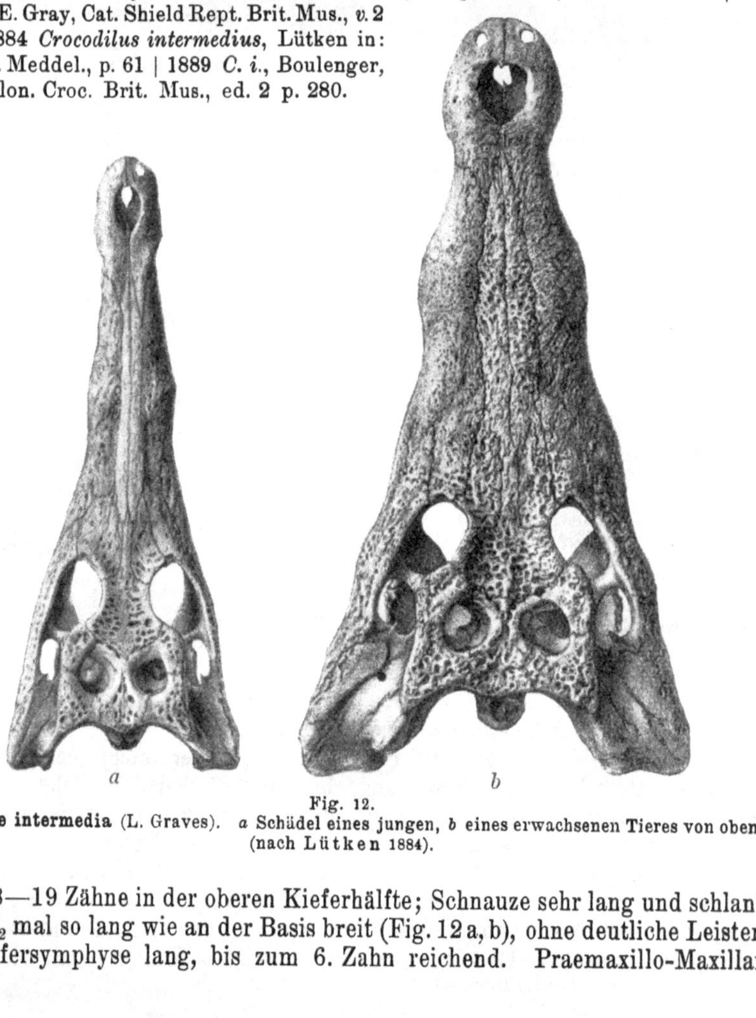

Fig. 12.
Champse intermedia (L. Graves). *a* Schädel eines jungen, *b* eines erwachsenen Tieres von oben (nach Lütken 1884).

18—19 Zähne in der oberen Kieferhälfte; Schnauze sehr lang und schlank, 2 bis $2^1/_2$ mal so lang wie an der Basis breit (Fig. 12 a, b), ohne deutliche Leisten; Unterkiefersymphyse lang, bis zum 6. Zahn reichend. Praemaxillo-Maxillarsutur am Gaumen nach hinten und medialwärts gerichtet; Maxillaria hinter der Nasenöffnung eine mediane Naht bildend. 6 große Nuchalschilder (4 im Quadrat, je eines auf jeder Seite davon) weit vom Dorsalpanzer entfernt. 4 Postoccipitalschilder in einer Querreihe; Dorsalschilder in 16 Querreihen, von denen die breitesten 6 Schilder in einer ununterbrochenen Reihe enthalten; große, isolierte, gekielte Schilder auch an den Rumpfseiten. Schuppen an den Gliedmaßen gekielt; ein gezähnter Schuppenkamm am Lateralrande der Hinterbeine. Eine kurze Schwimmhaut zwischen dem 2. und 3. Finger. Laterale Zehen mit wohlentwickelten Schwimmhäuten.

Oberseite olivenfarbig, Unterseite gelblich.

Das längste bekannte Exemplar ist fast 4 m lang.

Orinoko.

4. **C. porosa** (J. G. Schn.) 1801 *Crocodilus porosus + oopholis,* J. G. Schneider, Hist. Amph., *v.* 2 p. 159, 65 | 1807 *C. biporcatus,* G. Cuvier in: Ann. Mus. Paris, *v.* 10 p. 48 t. 1—2 | 1817 *C. b.*, Tiedemann, Oppel & Liboschitz, Naturg. Amph., p. 72 t. 9 | 1834 *C. b.*, Lesson in: Voy. Ind.-Or., p. 303 | 1836 *C. b.*, C. Duméril & G. Bibron, Erpét., *v.* 3 p. 115 | 1837 *C. b.*, Schlegel, Abbild. Amph., p. 3 t. 1 | 1844 *C. b. raninus,* Schlegel & S. Müller in: Verh. nat. Gesch. Nederl. Bezitt., Rept. p. 28 t. 3 f. 7—8 | 1844 *C. porosus,* J. E. Gray, Cat. Tort. Croc. Brit. Mus., p. 58 | 1860 *C. biporcatus,* Huxley in: J. Linn. Soc. London, *v.* 4 p. 11 | 1862 *Oopholis porosus + Pondicherianus,* J. E. Gray in: Ann. nat. Hist., ser. 3 *v.* 10 p. 267, 268 | 1864 *Crocodilus pondicherianus + [pondicerianus],* Alb. Günther, Rept. Brit. Ind., p. 62, 62 t. 7 | 1866 *C. biporcatus,* Strauch in: Mém. Ac. St.-Pétersb., ser. 7 *v.* 10 nr. 13 p. 52, 99 | 1867 *Oopholis porosus + pondicherianus,* J. E. Gray in: Tr. zool. Soc. London, *v.* 6 p. 138, 139 | 1872 *O. porosus + pondicherianus,* J. E. Gray, Cat. Shield Rept. Brit. Mus., *v.* 2 p. 8, 9 | 1873 *Crocodilus pondicerianus,* Stoliczka in: J. Asiat. Soc. Bengal, *v.* 42 p. 113 | 1876 *C. porosus + pondicerianus,* W. Theobald, Cat. Rept. Brit. Ind., p. 36 | 1889 *C. porosus,* Boulenger, Cat. Chelon. Croc. Brit. Mus., ed. 2 p. 284 | 1890 *C. p.*, Boulenger in: Fauna Brit. Ind., Rept. Batr. p. 4 | 1891 *C. p.*, H. S. Ferguson in: J. Bombay Soc., *v.* 6 p. 116 | 1897 *C. p.*, Smoothbore in: ibid., *v.* 11 p. 156 | 1901 *C. p.*, Gadow in: Cambridge nat. Hist., *v.* 8 p. 458 f. | 1912 *C. p.*, Boulenger, Vert. Fauna Malay, Rept. Batr. p. 5 | 1914 *C. p.*, S. Flower in: Rep. Zool. Miss. Ind., nr. 26 p. 18 | 1915 *C. p.*, Rooy, Rept. Indo-Austral. Archip., *v.* 2 p. 337 f. 131, 132 | 1922 *C. p.*, Mell in: Arch. Naturg., *v.* 88 A 10 p. 110 | 1924 *C. p.*, Barbour in: Copeia, nr. 126 p. 16 | 1924 *C. p.*, Barbour in: Singapore Natural., nr. 4 p. 88 | 1927 *C. p.*, Skinner in: Field, *v.* 149 p. 445 2 f. | 1928 *C. p.*, Jong in: Misc. zool. Sumatra, nr. 31 p. 1 f. 1—3 | 1928 *C. p.*, R. Mertens in: Senckenbergiana, *v.* 10 p. 229 | 1928 *C. p.*, Kinghorn in: Rec. Austral. Mus., *v.* 16 p. 176, 177 | 1928 *C. p.*, Baker in: Ann. nat. Hist., ser. 10 *v.* 2 p. 299 | 1930 *C. p.*, Kopstein in: Treubia, *v.* 11 p. 301 | 1930 *C. p.*, Deraniyagala in: Spolia Zeyl., *v.* 16 p. 92 t. 15 | 1931 *C. p.*, M. A. Smith in: Fauna Brit. Ind., Rept. Amph. *v.* 1 p. 42.

17—19 Zähne oberseits in jeder Kieferhälfte; nur 4 Praemaxillarzähne jederseits beim Erwachsenen. Praemaxillo-Maxillarsutur entweder nach hinten und einwärts gerichtet oder W-förmig. Schnauze $1^2/_3$—$2^1/_6$ mal so lang wie an der Basis breit; jederseits mit einer schief nach vorn und einwärts vom vorderen Augenrand etwa bis zum Ende der basalen Schnauzenhälfte reichenden Knochenleiste (Fig. 13a). 2 kleine Occipitalia sind selten vorhanden. 4 große Nuchalia im Quadrat stehend, je ein kleineres an jeder Seite. Dorsalschilder von den nuchalen deutlich getrennt, in 16—17 Quer- und 6 oder 8 Längsreihen; die knöchernen Schilder bei erwachsenen Tieren deutlich voneinander getrennt; kleinere, weniger regelmäßig angeordnete Schilder, an jeder Seite. Finger am Grunde durch Schwimmhaut verbunden; die Schwimmhaut zwischen den beiden Lateralzehen reicht bis an die Spitze, die zwischen den beiden Mittelzehen kürzer, zwischen den Medialzehen bloß halb. Ein gesägter Schuppenkamm am Hinterrande der Gliedmaßen.

Oberseite dunkel olivenfarbig oder braun, unten weißlich; Jungtiere oberseits lichtolivfarben oder hellbraun, mit schwarzen Flecken.

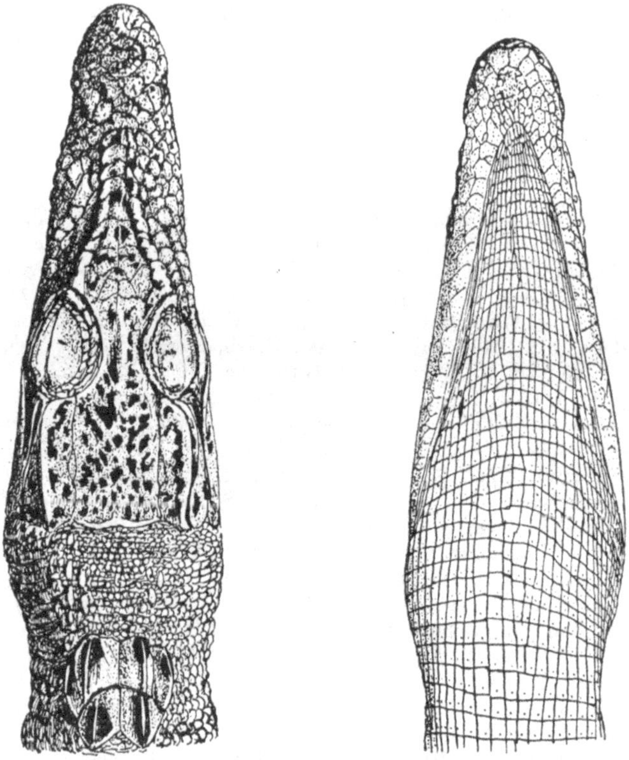

a *b*

Fig. 13.
Champse porosa (J. G. Schn.). *a* von oben, *b* von unten (nach Rooy 1915).

Länge der größten bekannten Exemplare 8,8—10 m, meist nicht über 6 m; bei sehr alten Tieren (Fig. 14) verwachsen die Schädelnähte zum großen Teile. Eier 80—85 × 50—55 mm.

Ostküste von Vorderindien und Südspitze der Westküste, nach Norden bis Cochin; Ceylon; Küsten von Indochina; Malayische Halbinsel und Archipel; Nordküste von Australien; Neuguinea, Bismarck-, Salomon- und Fidschi-Inseln, Neue Hebriden. Scheint in Tonkin und Annam zu fehlen und in Südchina, wo es noch 1912 lebte, seither ausgerottet. Ist ein Brackwasserkrokodil, das auch ins Meer geht und weite Strecken durchschwimmt.

5. **C. novae-guineae** (K. P. Schmidt) 1928 *Crocodilus n. g.*, K. P. Schmidt in: Publ. Field Columb. Mus., Zool. *v.* 12 p. 177 t. 13, 14 | 1932 *C. n. g.*, K. P. Schmidt in: ibid., *v.* 18 p. 167 t. 6, 7.

Nächstverwandt *C. porosa* (J. G. Schn.) aber verschieden durch wohlentwickelte Postoccipitalschilder, die viel kürzere Praeorbitalleiste, die nach hinten nicht verbreiterten und nicht lateral verlängerten, sondern quer abgestutzten Palatina (Fig. 15b), sowie in der Regel auch durch die breiteren und parallelseitigen Quadratojugalia (bei *C. porosa* stark nach vorn verschmälert), schließlich durch die Lage der Choanen (abwärts anstatt schief nach hinten und abwärts gerichtet).

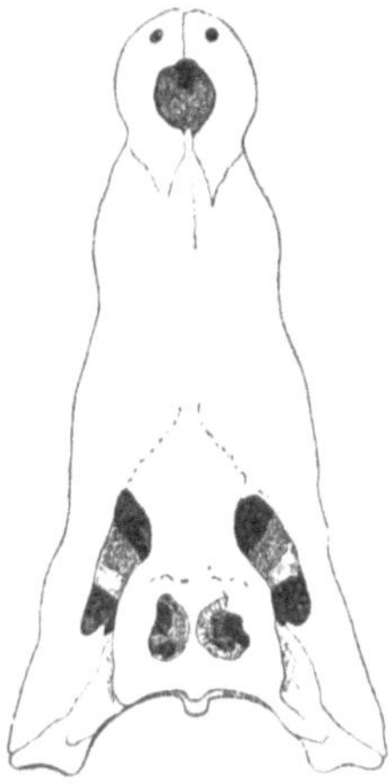

Fig. 14.
Champse porosa (J. G. Schn.) Schädel von oben; Nähte größtenteils verwachsen (nach Gadow 1901).

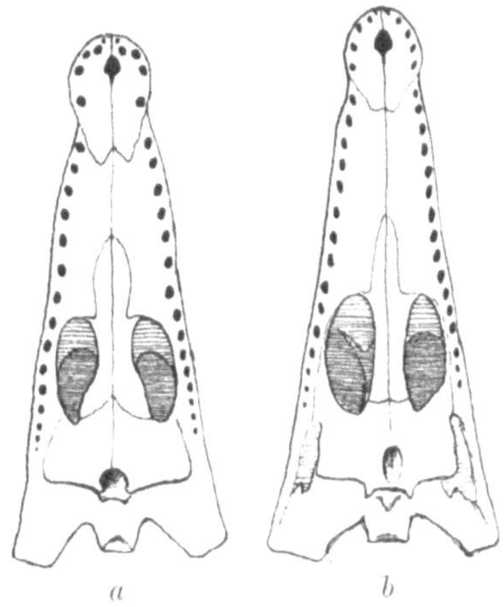

Fig. 15.
Champse porosa (J. G. Schn.) (links) und **Champse novae-guineae** (Schmidt) (rechts) Schädel von unten (nach K. P. Schmidt 1928).

Jungtiere oberseits braun mit ungefähr 6 schwarzen Querbinden auf dem Rücken und 11 auf dem Schwanz.

Länge bis 3 m.

Neu-Guinea.

6. **C. acuta** (Cuv.) 1801 *Crocodilus americanus*, J. G. Schneider, Hist. Amph., *v.* 2 p. 23 | 1803 *C. a.*, E. Geoffroy in: Ann. Mus. Paris, *v.* 2 p. 37 f. 1 | 1807 *C. biscutatus* + *acutus*, G. Cuvier in: ibid., *v.* 10 p. 55 t. 2 f. 6, p. 55 t. 1—2 | 1807 *C. a.*, E. Geoffroy in: ibid., *v.* 10 p. 70 | 1817 *C. a.* + *biscutatus*, Tiedemann, Oppel & Liboschitz, Naturg. Amph., p. 77, 78 t. 12, 13 | 1836 *C. a.*, C. Duméril & G. Bibron, Erpét., *v.* 3 p. 119 | 1843 *C. a.*, Cocteau & G. Bibron in: Ramon, Hist. Cuba, *v.* 4 Rept. p. 62 t. 5 | 1844 *C. Americanus*, J. E. Gray, Cat. Tort. Croc. Brit. Mus., p. 60 | 1860 *C. a.*, Huxley in: J. Linn. Soc. London, *v.* 4 p. 11 | 1862 *Molinia americana*, J. E. Gray in: Ann. nat. Hist., ser. 3 *v.* 10 p. 272 | 1866 *Crocodilus acutus*, Strauch in: Mém. Ac. St.-Pétersb., ser. 7 *v.* 10 nr. 13 p. 56, 102 | 1867 *Molinia americana*, J. E. Gray in: Tr. zool. Soc. London, *v.* 6 p. 150 | 1870 *Crocodilus acutus*, Wyman in: Amer. J. Sci., ser. 2 *v.* 49 p. 105 | 1870 & 73 *C. americanus* + *pacificus* + *lewyanus* + *mexicanus*, A. Duméril & F. Bocourt in: Miss. Mex., Rept. pars 3 p. 30, 31, 33, 34 t. 8 f. 1, 2, 3, t. 9 f. 1, 5 | 1872 *C. a.*, J. E. Gray, Cat. Shield Rept. Brit. Mus., *v.* 2 p. 17 | 1875 *C. floridanus*, Hornaday in: Amer. Natural., *v.* 9 p. 504 f. 211—213 | 1885 *C. americanus*, Alb. Günther in: Biol. Centr.-Amer., Rept. Batr. p. 19 | 1889 *C. a.*, Boulenger, Cat. Chelon. Croc. Brit. Mus., ed. 2 p. 281 | 1900 *C. a.*, E. D. Cope in: Rep. U. S. Mus., 1898 p. 173 f. 2 | 1907 *C. acutus*, Ditmars, Rept. Book, p. 89 t. 30 | 1909 *C. americanus*, F. Werner in: Zool. Jahrb., Syst. *v.* 28 p. 264 | 1914 *C. a.*, Barbour in: Mem. Mus. Harvard, *v.* 44 nr. 2 p. 346 | 1917 *Crocodylus acutus*, Stejneger in: P. U. S. Mus., *v.* 53 p. 289 f. 120—122 | 1919 *C. a.*, Barbour & Ramsden in: Mem. Mus. Harvard, *v.* 47 nr. 2 p. 202 t. 12 f. 1 | 1923 *C. a.*, Barbour in: Occas. Papers Mus. Zool. Michigan, nr. 131 p. 1 | 1924 *C. a.*, K. P. Schmidt in: Publ. Field Columb. Mus., Zool. *v.* 12 p. 85.

18—19 Zähne oberseits in jeder Kieferhälfte. Schnauze in der Länge sehr wechselnd, $1^3/_5$—$2^1/_4$ mal so lang wie an der Basis breit, mit einer leistenartigen Erhöhung in der Medianlinie, die bei der Florida-Form (Fig. 16) zu fehlen pflegt. Unterkiefersymphyse reicht bis zum 4. oder 5. Zahn; Praemaxillo-Maxillarsutur am Gaumen schief nach hinten und medianwärts gerichtet. Oberkiefer entweder hinter den Praemaxillaren eine kurze Mediannaht bildend oder durch die Nasalia auf kurze Strecke getrennt. Vier große Nuchalia in der Regel ein Quadrat bildend, ein kleineres Nuchale jederseits lateral dem vorderen Paar angelagert, dahinter manchmal 1—2 abgelöste Paare kleiner Schilder; eine Querreihe von kleinen Postoccipitalschildern. Die dorsalen Schilder (2—4 Reihen) sind von den nuchalen stets deutlich getrennt; die der beiden Mittelreihen regelmäßig angeordnet, die lateralen mehr oder weniger unregelmäßig, und stärker gekielt; 15—16 Querreihen von Dorsalschildern; Seiten mit verstreuten gekielten Schildern. Zwischen dem 2. und

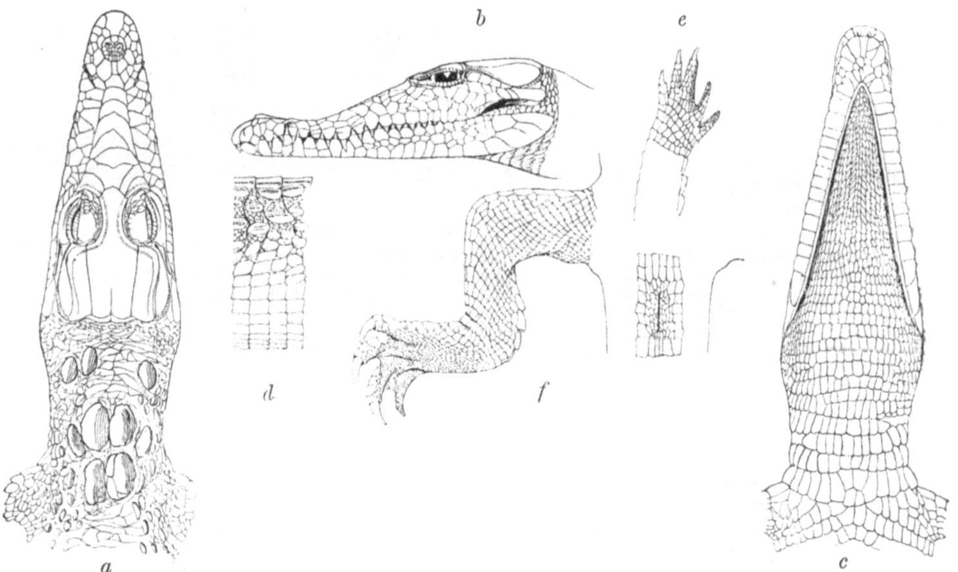

Fig. 16.
Champse acuta (Cuv.) Florida-Form. *a* Kopf von oben, *b* von der Seite, *c* von unten, *d* Stück der Rumpfbeschuppung, von der Seite, *e* Vorderfuß, *f* Kloakenspalte und Hinterbein (nach Cope 1900).

3. Finger ein schwacher Hautsaum; Lateralzehen mit ganzen Schwimmhäuten. Hinterrand der Hintergliedmaßen mit gesägtem Schuppenkamm; Schuppen auf den Gliedmaßen gekielt.

Oberseite schwärzlich olivenfarbig, Unterseite gelblich. Junge hell olivenbraun oder olivengrün, schwarzbraun gefleckt und getüpfelt.

Länge $3^1/_2$ m. Eier $68-72 \times 47-49$ mm.

Florida, Westindien (Cuba, Haiti, Portorico, Jamaika), Zentral-Amerika von Mexiko bis Panama; Venezuela, Kolumbien, Ekuador.

7. **C. siamensis** (J. G. Schn.) 1801 *Crocodilus s.*, J. G. Schneider, Hist. Amph., *v.* 2 p. 157 | 1807 *C. galeatus*, G. Cuvier in: Ann. Mus. Paris, *v.* 10 p. 51 t. 1 f. 9 | 1817 *C. g.*, Tiedemann, Oppel & Liboschitz, Naturg. Amph., p. 76 t. 11 | 1836 *C. g.*, C. Duméril & G. Bibron, Erpét., *v.* 3 p. 113 | 1844 *C. vulgaris*, Schlegel & S. Müller in: Verh. nat. Gesch. Nederl. Bezitt., Rept. p. 28 t. 3 f. 9 | 1862 *Bombifrons Siamensis*, J. E. Gray in: Ann. nat. Hist., ser. 3 *v.* 10 p. 269 | 1864 *Crocodilus s.*, Alb. Günther, Rept. Brit. Ind., p. 61 t. 8 f. B | 1866 *C. s.*, Strauch in: Mém. Ac. St.-Pétersb., ser. 7 *v.* 10 nr. 13 p. 50 | 1867 *Bombifrons s.* (part.), J. E. Gray in: Tr. zool. Soc. London,

v. 6 p. 144 | 1872 *Crocodilus s.* (part.), J. E. Gray, Cat. Shield Rept. Brit. Mus., *v.* 2 p. 13 | 1919 *C. s.*, M. A. Smith in: J. nat. Hist. Soc. Siam, *v.* 3 p. 217 t. 4–6 | 1923 *C. s.*, Lorenz Müller in: Pal. Hungar., *v.* 1 p. 109 f. 1—5 | 1930 *C. s.*, M. A. Smith in: Bull. Raffles Mus., nr. 3 p. 1 | 1931 *C. s.*, M. A. Smith in: Fauna Brit. Ind., Rept. Amph. *v.* 1 p. 44.

Fig. 17.
Champse siamensis (J. G. Schn.) von oben (nach M. A. Smith 1919).

17—18 Zähne oben in jeder Kieferhälfte, 4 in jedem Zwischenkiefer. Praemaxillo-Maxillarsutur nach hinten und medianwärts vorgezogen. Schnauze $1^1/_2$–$1^1/_6$ mal so lang wie an der Basis breit; eine deutliche knöcherne Leiste vom vorderen Augenrand zum basalen Viertel der Schnauzenlänge (Fig. 17), mit der entsprechenden der anderen Seite nach vorn etwas konvergierend. Eine mehr oder weniger entwickelte mediane Längsleiste ist meist vorhanden, selten zwei sehr stark entwickelte hintereinander (*C. siamensis* J. G. Schn.). 4 große Nuchalia im Quadrat angeordnet, in der Regel jederseits davon ein kleineres; 1 oder 2 Paare von Postoccipitalschildern in einer Querreihe. Dorsalschilder von den nuchalen wohl gesondert, in 16 oder 17 Quer- und 6 Längsreihen; die knöchernen Schilder in jeder Querreihe miteinander in Berührung; kleinere weniger regelmäßig angeordnete Schilder an den Seiten. Finger nur am Grunde durch Schwimmhaut verbunden. Zehen wie bei *C. porosa* (J. G. Schn.), aber die Schwimmhaut tiefer ausgerandet; ein gesägter Schuppenkamm am Lateralrande der Gliedmaßen.

Oberseite dunkelbraun oder olivenfarbig; Unterseite gelblich oder weißlich. Jungtiere hellbraun oder helloliven, Oberseite schwarz gefleckt.

Länge $3^1/_2$ m. Eier 75—80 × 50 mm.

Siam, Französisch-Indochina, nördlich bis zum 16° n. Br.; Norden der Malayischen Halbinsel, Java; auf dieser Insel bereits sehr selten, aus dem Pliocän (*Pithecanthropus*-Schichten von Triril) als *Crocodilus ossifragus* von Dubois, dann von Janensch und L. Müller beschrieben.

8. **C. vulgaris** (Cuv.) 1807 *Crocodilus v.*, G. Cuvier in: Ann. Mus. Paris, *v.* 10 p. 40 t. 1—2 | 1807 *C. v.* + *suchus*, E. Geoffroy in: ibid., *v.* 10 p. 82, 84 t. 3 | 1817 *C. v.*, Tiedemann, Oppel & Liboschitz, Naturg. Amph., p. 68 t. 8 | 1824 *C. Chamses*, Bory in: Dict. class. Hist. nat., *v.* 5 p. 105 | 1827 *C. vulgaris* + *suchus* + *marginatus* + *lacunosus* + *complanatus*, E. Geoffroy in: Descr. Égypte, *v.* 11 p. 185, 243, 260, 261, 263 | 1836 *C. v.* (part.), C. Duméril & G. Bibron, Erpét., *v.* 3 p. 104 | 1844 *C. v.* + *marginatus*, J. E. Gray, Cat. Tort. Croc. Brit. Mus., p. 61 | 1857 *C. binuensis*, W. B. Baikie in: P. zool. Soc. London, *v.* 25 p. 48 | 1860 *C. vulgaris*, Huxley in: J. Linn. Soc. London, *v.* 4 p. 6 | 1866 *C. v.*, Strauch in: Mém. Ac. St.-Pétersb., ser. 7 *v.* 10 nr. 13 p. 43, 90 | 1867 *C. v.*, J. E. Gray in: Tr. zool. Soc. London, *v.* 6 p. 147 f. | 1872 *C. madagascariensis*. A. Grandidier in: Ann. Sci. nat., ser. 5 *v.* 15 art. 20 p. 6 | 1872 *C. robustus*, L. Vaillant & A. Grandidier in: CR. Ac. Sci., *v.* 75 p. 150 | 1874 *C. madagascariensis*, J. E. Gray in: P. zool. Soc. London, p. 145 t. 23 | 1877 *C. m.*, O. Boettger in: Abh. Senckenb. Ges., *v.* 11 p. 27 t. 1 f. 6 | 1880 *C. m.*, O. Boettger in: Ber. Senckenb. Ges., p. 199 | 1881 *C. m.*, O. Boettger in: Abh. Senckenb. Ges., *v.* 12 p. 486 | 1883 *C.*

robustus, L. Vaillant in: CR. Ac. Sci, *v.* 97 p. 1081 | 1889 *C. niloticus*, Boulenger, Cat. Chelon. Croc. Brit. Mus., ed. 2 p. 283 | 1893 *C. n.*, Stejneger in: P. U. S. Mus., *v.* 16 p. 713 | 1895 *C. vulgaris*, Bocage, Herpét. Angola, p. 8 | 1897 *C. niloticus*, Boulenger in: P. zool. Soc. London, p. 800 | 1897 *C. n.*, Boulenger in: Ann. nat. Hist., ser. 6 *v.* 19 p. 277 | 1897 *C. vulgaris*, Tornier, Kriechtll. D.-O-Afr., p. 1 | 1898 *C. niloticus*, John Anderson, Zool. Egypt., *v.* 1 Rept. Batr. p. 10 t. 1 | 1900 *C. n.*, Boulenger in: P. zool. Soc. London, p. 447 | 1900 *C. n.*, S. Flower in: ibid., p. 967 | 1900 *C. vulgaris*, Tornier in: Zool. Jahrb., Syst. *v.* 13 p. 581 | 1901 *C. niloticus*, E. Lampe in: Jahrb. Ver. Nassau, *v.* 54 p. 197 | 1901 *C. n.*, Tornier in: Arch. Naturg., *v.* 67 Beih. p. 66 | 1902 *C. vulgaris* + *n.*, Tornier in: Zool. Jahrb., Syst. *v.* 15 p. 578, 664 | 1906 *C. n.*, Siebenrock in: SB. Ak. Wien, *v.* 115 p. 819 | 1909 *C. n.*, Chubb in: P. zool. Soc. London, p. 592 | 1910 *C. madagascariensis* + *robustus*, L. Vaillant in: Hist. Madag., *v.* 17 p. 4 t. 1—5 | 1910 *C. niloticus*, Nieden in: Fauna D. Kolon., ser. 1 fasc. 2 p. 2 f. 3 | 1911 *C. n.*, Sternfeld in: ibid., ser. 4 fasc. 2 p. 54 f. 54 | 1912 *C. n.*, Sternfeld in: Ergeb. D. Zentr.-Afr.-Exp., *v.* 4 p. 198 | 1913 *C. n.*, Klaptocz in: Zool. Jahrb., Syst. *v.* 34 p. 288 | 1913 *C. n.*, Lönnberg in: Svenska Ak. Handl., *v.* 47 nr. 6 p. 4 f. 1—2 | 1913 *C. n.*, Nieden in: Mt. Mus. Berlin, *v.* 7 p. 54 | 1913 *C. n.*, Siebenrock in: Voeltzkow, Reise O.-Afr., *v.* 3 p. 221 f. 1—4 | 1918 *C. n.*, Barbour in: Bull. Mus. Harvard, *v.* 61 p. 488 | 1919 *Crocodylus n.*, K. P. Schmidt in: Bull. Amer. Mus., *v.* 39 p. 419 | 1921 *Crocodilus n.*, Hobley in: J. East-Afr. Soc. Uganda, nr. 16 p. 61 | 1925 *C. n.*, Seurat in: Bull. Soc. Alger, *v.* 16 p. 150, 153 f. 1—2 | 1926 *C. n.*, Watts in: Field, *v.* 148 p. 483 | 1929 sine nom., P. Staudinger in: SB. Ges. Fr. Berlin, p. 141.

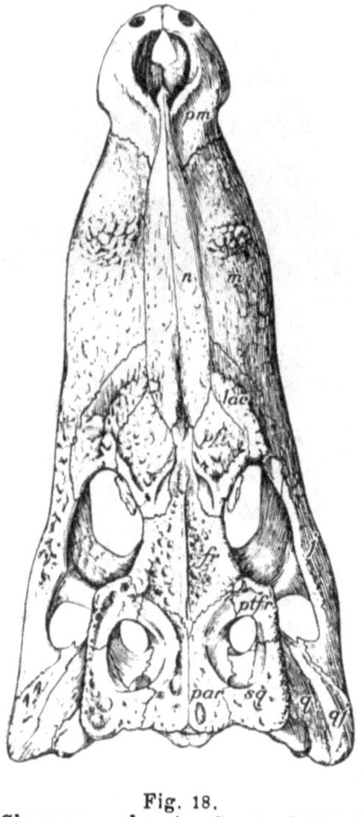

Fig. 18.
Champse vulgaris (Cuv.) Schädel von oben (nach K. P. Schmidt 1919).

18—19 Zähne oben, 15 unten in jeder Kieferhälfte. Schnauze in der Länge sehr wechselnd, am längsten im mittleren Alter $1^2/_3$ bis 2 mal so lang wie an der Basis breit; in der Jugend und im hohen Alter nahezu gleichseitig dreieckig; Kopf oben rauh, aber ohne deutliche Leisten (Fig. 18). Unterkiefersymphyse bis zum 4. oder 5. Zahn reichend. Praemaxillo-Maxillarsutur am Gaumen nach hinten und medianwärts gerichtet oder W-förmig; Nasalia trennen oberseits die Praemaxillaria voneinander. 4 große Nuchalia bilden ein Quadrat, in der Regel mit einem kleineren, lateral dicht anliegenden jederseits; dahinter mitunter kleinere Nuchalia die Verbindung mit den Dorsalschildern bildend; 4—6 Occipitalia in einer Querreihe. Dorsalschilder in 16—17 Quer- mit 6 oder 8 Längsreihen, Seiten mit verstreuten kleineren Schildern. Finger nur am Grunde durch Schwimmhaut verbunden; laterale Zehen mit ganzen Schwimmhäuten. Hinterrand des Unterschenkels mit gesägtem Schuppenkamm; Schuppen auf den Gliedmaßen entweder glatt oder schwach gekielt.

Oberseite dunkel olivenfarbig; Unterseite weißlich; Jungtiere hell olivenfarbig, dunkelbraun bis schwarz gefleckt und punktiert.

Länge bis 10 m *(C. robustus)*, erreicht aber gegenwärtig selten 5 oder 6 m. Eier 74—81 × 48—55 mm.

Flüsse, Sümpfe und Seen des Tropischen Afrika vom Senegal und Oberen Nil bis Natal; Madagaskar, Palästina (Zerkafluß bei Caesarea); außerdem in einigen Seen in der Sahara.

9. **C. palustris** (Less.) 1831 *Crocodilus vulgaris* var. *indicus* (nom. nud.), J. E. Gray, Syn. Rept., *v.* 1 p. 581 | 1834 *C. palustris*, Lesson in: Voy. Ind.-Or., p. 305 | 1836 *C. vulgaris* var. B, C. Duméril & G. Bibron, Erpét., *v.* 3 p. 108 | 1844 *C. bombifrons* (part.) + *palustris* + *trigonops*, J. E. Gray, Cat. Tort. Croc. Brit. Mus., p. 59, 62 | 1847 *C. vulgaris* var. B, C. Duméril & G. Bibron in: J. Asiat. Soc. Bengal., *v.* 16 II p. 621 | 1852 *C. palustris*, Kelaart, Prodr. Faun. Zeyl., *v.* 1 p. 183 | 1860 *C. bombifrons*, Huxley in: J. Linn. Soc. London, *v.* 4 p. 13 | 1862 *Bombifrons trigonops*. J. E. Gray in: Ann. nat. Hist., ser. 3 *v.* 10 p. 269 | 1864 *Crocodilus palustris*, Alb. Günther, Rept. Brit. Ind., p. 61 t. 7 f. A | 1866 *C. p.*, Strauch in: Mém. Ac. St.-Pétersb., ser. 7 *v.* 10 nr. 13 p. 48, 97 | 1867 *Bombifrons indicus*, J. E. Gray in: Tr. zool. Soc. London, *v.* 6 p. 140 f. 1 t. 31 f. 1—3 | 1872 *B. i.*, J. E. Gray, Cat. Shield Rept. Brit. Mus., *v.* 2 p. 9 | 1876 *Crocodilus palustris*, W. Theobald, Cat. Rept. Brit. Ind., p. 36 | 1889 *C. p.*, Boulenger, Cat. Chelon. Croc. Brit. Mus., ed. 2 p. 285 | 1890 *C. p.*, Boulenger in: Fauna Brit. Ind., Rept. Batr. p. 5 | 1897 *C. p.*, Smoothbore in: J. Bombay Soc., *v.* 11 p. 154 | 1901 *C. p.*, Gadow in: Cambridge nat. Hist., *v.* 8 p. 454 f. 107 | 1912 *C. p.*, Annandale in: Rec. Ind. Mus., *v.* 8 p. 38 | 1914 *C. p.*, S. Flower in: Rep. Zool. Miss. Ind., nr. 26 p. 18 t. 3—4 | 1921 *C. p.*, Shortt in: J. Bombay Soc., *v.* 28 p. 76 t. | 1922 *C. p.*, Abercromby in: ibid., *v.* 29 p. 553 | 1923 *C. p.*, Montheat in: ibid., *v.* 29 p. 300 | 1931 *C. p.*, M. A. Smith in: Fauna Brit. Ind., Rept. Amph. *v.* 1 p. 47.

19 Zähne oben in jeder Kieferhälfte. 5 Praemaxillarzähne jederseits beim erwachsenen Tier. Schnauze $1\frac{1}{3}$—$1\frac{1}{2}$ mal so lang wie an der Basis breit (Fig. 19). Schädel rauh, ohne deutliche Leisten oder solche nur auf eine kurze Strecke vom Auge an nach vorn sichtbar; Unterkiefersymphyse bis zum 4. oder 5. Zahn reichend, Praemaxillo-Maxillarsutur auf dem Gaumen nahezu gerade quer verlaufend, Nasenbeine die Zwischenkiefer oben voneinander trennend. 4 große Nuchale, ein Quadrat bildend, jederseits davon ein kleineres; 2 Paare von kleinen Postoccipitalschildern in einer Querreihe hinter dem Hinterhaupt. Dorsalschilder in 16—17 Querreihen, jede Reihe aus 4 (ausnahmsweise 6) Schildern bestehend; die der 2 Mittelreihen bedeutend breiter als lang; die knöchernen Platten in jeder Querreihe miteinander in Berührung; kleinere, mehr unregelmäßig angeordnet, an jeder Seite. Finger durch einen Hautsaum verbunden; Schwimmhaut zwischen den Lateralzehen bis zu deren Spitze reichend, zwischen den beiden mittleren kürzer, zwischen den Medialzehen nur die Mitte erreichend; stark ausgerandet. Schuppen an den Gliedmaßen gekielt; ein gezähnter Schuppenkamm an der Hinterseite der Hintergliedmaßen.

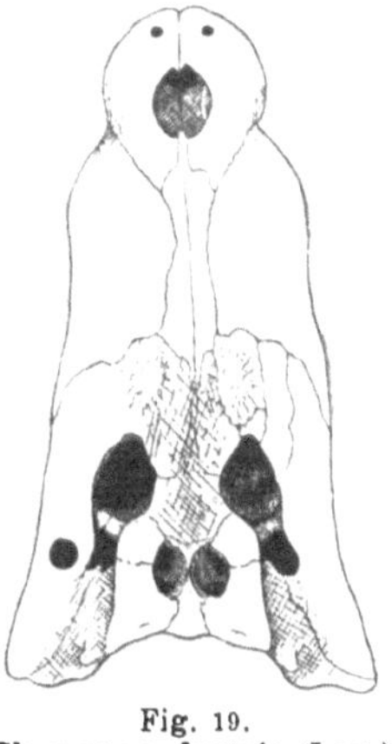

Fig. 19.
Champse palustris (Less.) Schädel von oben (nach Gadow 1901).

Erwachsene schwärzlich olivenfarbig, Jungtiere hell olivengrün oder olivenbraun, schwarz gefleckt und punktiert.

Länge bis 4 m.

Indische Halbinsel und Ceylon, nach Westen bis zum Dasht-Fluß an der persischen Grenze von Belutschistan, nach Norden bis Nepal und nach Osten bis zum Darrary-Distrikt im Brahmaputra in Assam; Burma (?). Süßwasserkrokodil im Gegensatz zu *C. porosa*. Fossil aus den indischen Siwalikschichten bekannt.

10. **C. rhombifer** (Cuv.) 1807 *Crocodilus r.*, G. Cuvier in: Ann. Mus. Paris, *v.* 10 p. 51 | 1817 *C. r.*, Tiedemann, Oppel & Liboschitz, Naturg. Amph., p. 75 t. 10 f. 1—4 | 1824 *C. r.*, G. Cuvier, Rech. Ossem. foss., ed. 2 *v.* 5 II t. 3 f. 1—4 | 1834 *C. r.*, Wiegmann, Herpet. Mex., p. 22 | 1836 *C. r.*, C. Duméril & G. Bibron, Erpét., *v.* 3 p. 97 | 1843 *C. r.*, Cocteau & G. Bibron in: Ramon, Hist. Cuba, *v.* 4 Rept. p. 55 t. 4 |

1844 *C. r.*, J. E. Gray, Cat Tort. Croc. Brit. Mus., p. 60 | 1862 *Palinia r.* (part.), J. E. Gray in: Ann. nat. Hist., ser. 3 *v.* 10 p. 270 | 1864 *Crocodilus r.*, Blainville, Ostéogr., Rept. | 1866 *C. r.*, Strauch in: Mém. Ac. St.-Pétersb., ser. 7 *v.* 10 nr. 13 p. 41, 88 | 1870 & 73 *C. r.*, A. Duméril & F. Bocourt in: Miss. Mex., Rept. pars 3 p. 35 t. 9 f. 4 | 1872 *Palinia r.* (part.), J. E. Gray, Cat. Shield Rept. Brit. Mus., *v.* 2 p. 13 | 1914 *Crocodilus r.*, Barbour in: Mem. Mus. Harvard, *v.* 44 nr. 2 p. 345 | 1916 *C. r.*, Barbour in: Ann. Carnegie Mus., *v.* 10 p. 299 | 1917 *Crocodylus r.*, Stejneger in: P. U. S. Mus., *v.* 53 p. 290 f. 123 | 1919 *Crocodilus r.*, Barbour & Ramsden in: Mem. Mus. Harvard, *v.* 47 nr. 2 p. 203 t. 12 f. 2 | 1930 *C. r.*, Sola in: Copeia, nr. 3 p. 81.

18—19 Zähne oben in jeder Kieferhälfte. Schnauze nicht $1^1/_2$—$1^2/_3$ mal so lang wie an der Basis breit, eine stumpfe, wenig deutliche schiefe, nach vorn und medianwärts gerichtete Leiste vor jedem Auge, die mit den Medialrändern der Orbitae das Bild eines Rhombus mit quer abgestutzten Vorder- und Hinterwinkel bildet (meist sehr undeutlich), Schädelplatte nach vorn stark verschmälert. Unterkiefersymphyse bis zum 4. oder 5. Zahn reichend. Praemaxillo-Maxillarsutur am Gaumen quer, fast gerade; Nasenbeine die Zwischenkiefer oberseits trennend. Nuchalschilder 6 oder 8, groß, in 2 Querreihen, oder 4 im Quadrat und jederseits ein kleineres Schild; Occipitalschilder klein, 2 Paare, in einer Querreihe; Dorsalschilder stark gekielt, von den Nuchalschildern mehr oder weniger deutlich abgegrenzt, in 16 Quer- und 6 Längsreihen; Seiten mit kleineren, rundlichen, gekielten Schildern. Schuppen auf den Gliedmaßen stark gekielt. Finger nur am Grunde durch Haut verbunden; Lateralzehen mit halber Schwimmhaut; Schuppenkamm am Unterschenkel schwach entwickelt.

Oberseite sehr dunkel olivenfarbig, gelb punktiert und vermikuliert; Jungtiere hell olivenbraun, dunkel gefleckt.

Länge gegen 4 m.

Cuba und Island of Pines. Im Gegensatz zu *C. acuta* (Cuv.), die hier als Brackwasserkrokodil auftritt, auf die großen Süßwasserlagunen (Cimaga de Zapateus usw.) des Inneren beschränkt.

11. **C. moreletii** (A. Dum.) 1851 *Crocodilus m.*, C. & A. Duméril, Cat. Collect. Rept., p. 28 | 1852 *C. m.*, A. Duméril in: Arch. Mus. Paris, *v.* 6 p. 255 t. 20 | 1866 *C. m.*, Strauch in: Mém. Ac. St.-Pétersb., ser. 7 *v.* 10 nr. 13 p. 42 | 1870 & 73 *C. m.*, A. Duméril & F. Bocourt in: Miss. Mex., Rept. pars 3 p. 37 t. 9 f. 2 | 1924 *Crocodylus m.*, K. P. Schmidt in: Publ. Field Columb. Mus., Zool. *v.* 12 p. 79 t. 6—8.

Schädel ähnlich dem von *C. rhombifer*; Schnauze $1^2/_3$—$1^3/_4$ mal so lang wie an der Basis breit, ohne Praeorbitalleisten. Schädelplatte mit parallelen Seiten. Dorsalschilder in 4 unregelmäßigen Längsreihen und mit niedrigen Kielen. Schuppen auf der Lateralseite der Gliedmaßen vollkommen glatt. Oberseite schwarz mit isolierten gelben Flecken; jüngere Exemplare mit abwechselnd schwarzen und gelben Querbinden. Die vorderste vor dem Dorsalpanzer und schief nach hinten und lateral ziehend. Dahinter 3—4 dunkle Querbänder bis zu den Hinterbeinen, 10—14 auf dem Schwanz.

Länge etwa $1^1/_2$ m.

Guatemala, Honduras.

12. **C. brevirostris** Wern. 1933 *C. b.*, F. Werner in: Zool. Anz., *v.* 102 p. 100 f. 1.

Schnauze flach, sehr wenig länger als an der Basis breit, ohne irgend welche Leisten; Mandibularsymphyse reicht bis zum Niveau des 5. Oberkieferzahnes. 4 Occipitalschilder in einer Querreihe; 6 Nuchalschilder, 4 im Quadrat und je ein seitliches: alle sehr stark dachförmig gekielt; Dorsalschilder in 6 Quer- und 17 Längsreihen, stark gekielt. Lateralschilder groß, stark gekielt; Schwanz sehr dick an der Basis, mit 17+18 Wirteln, von denen die vorderen mit dem doppelten Schuppenkamm zusammen länger sind, als die hinteren mit dem einfachen Kamm. Oberschenkel mit sehr stumpf gekielten Schuppen; Unterschenkel mit glatten Schuppen und deutlichem Schuppenkamm am Hinterrande. Finger nicht durch Schwimmhaut verbunden, Zehen mit halben Schwimmhäuten.

Oberseite olivenbraun, dunkler gefleckt.

Länge 65 cm.

Afrika?

13. **C. planirostris** (L. Graves) 1819 *Crocodilus p.*, L. Graves in: Ann. gén. Sci. phys., *v.* 2 p. 348 | 1824 *C. gravesii*, Bory in: Dict. class. Hist. nat., *v.* 5 p. 109 | 1836 *C. g.*, C. Duméril & G. Bibron, Erpét., *v.* 3 p. 101 | 1933 *C. planirostris*, F. Werner in: Zool. Anz., *v.* 102 p. 100.

18 Oberkieferzähne, der 4. und 10. am größten. Schnauze vollkommen flach, ohne vorspringende Leisten, wenig länger als an der Basis breit. 4 Occipitalschilder in einer Querreihe, 6 kleine Nuchalschilder in 2 Querreihen, die vordere Reihe aus 4 Schildern zusammengesetzt. Dorsalschilder in 18 Querreihen; die erste aus nur 2, die 11 folgenden aus 6, 5 aus 5 und die letzte Reihe wieder aus 6 bestehend: sie besitzen entweder eine nagelkopfähnliche Form oder eine nach hinten umgebogene Spitze oder aber eine schneidende Längskante. Rumpfseiten mit kleinen, runden Schildern, Schwanz mit nur 29 Wirteln, sehr dick (Fig. 20). Gliedmaßen sehr kräftig, oben mit stumpfhöckerigen Schuppen; kein Unterschenkelkamm; Schwimmhäute zwischen den Zehen vollständig.

Länge 126 cm.

Afrika?

Fig. 20. **Champse planirostris** (L. Graves). Original aus dem Mus. Bordeaux.

3. Gen. **Osteolaemus** Cope

1861 *O.*, E. D. Cope in: P. Ac. Philad., [1860] p. 549 | 1862 *Halcrosia*, J. E. Gray in: Ann. nat. Hist., ser. 3 *v.* 10 p. 273 | 1866 *Crocodilus* (part.), Strauch in: Mém. Ac. St.-Pétersb., ser. 7 *v.* 10 nr. 13 p. 28 | 1872 *Halcrosia*, J. E. Gray, Cat. Shield Rept. Brit. Mus., *v.* 2 p. 19 | 1889 *Osteolaemus*, Boulenger, Cat. Chelon. Croc. Brit. Mus., ed. 2 p. 288 | 1919 *Osteoblepharon*, K. P. Schmidt in: Bull. Amer. Mus., *v.* 39 p. 420 | 1921 *O.*, Mook in: ibid., *v.* 44 p. 200.

16—17 Zähne oben, 14—15 unten in jeder Kieferhälfte; 5. Unterkieferzähne am längsten; 4. Unterkieferzahn in einem Ausschnitt des Oberkiefers eingreifend. Schnauze kurz (Fig. 21, 22). Oberes Augenlid mit einer großen Knochenplatte; Supratemporalgruben verhältnismäßig klein; Nuchalschilder 6 in 3 Längsreihen, das 3. Paar klein. Dorsalschilder in

4—6 Längs- und 17—18 Querreihen, die der mittleren beiden Reihen mit niedrigeren Kielen als die lateralen. Schwimmhaut zwischen den Fingern nur einen Hautsaum bildend; kein Schuppenkamm an den Hinterschenkeln.

Westafrika.

2 Arten.

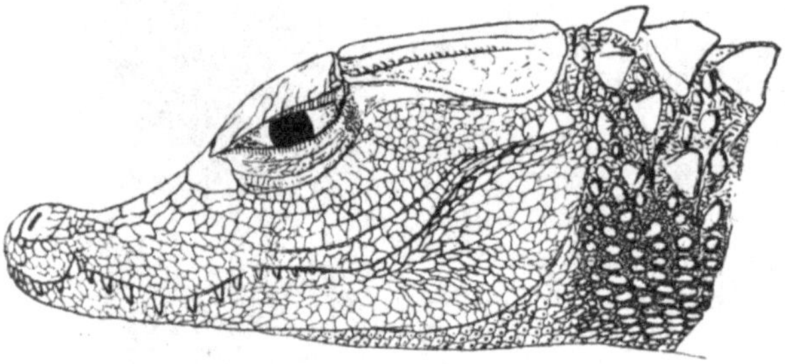

Fig. 21.
Osteolaemus tetraspis Cope. Kopf eines Jungtieres (Original).

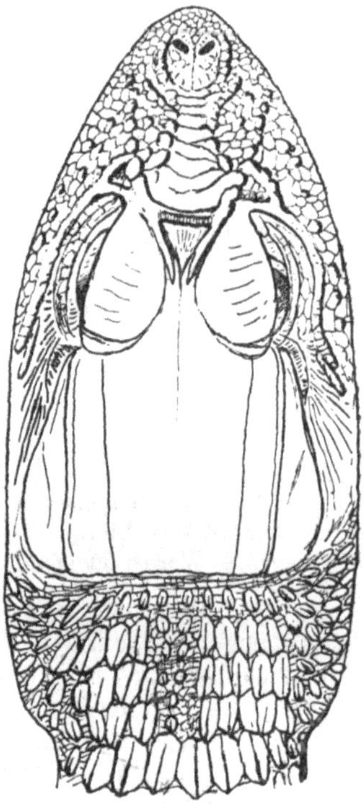

Fig. 22.
Osteolaemus tetraspis Cope. Jungtier (Original).

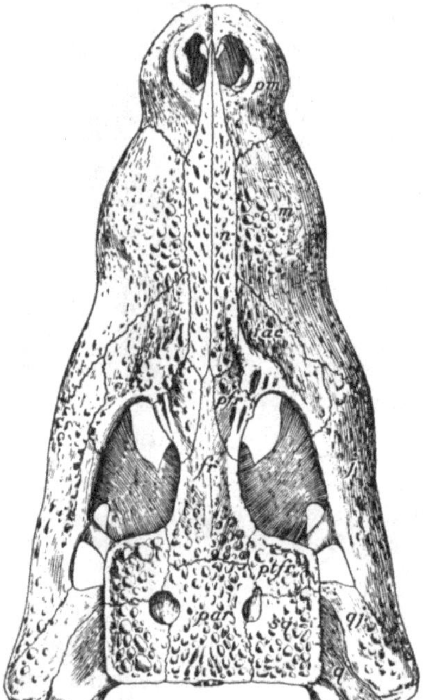

Fig. 23.
Osteolaemus tetraspis Cope. Schädel von oben (nach K. P. Schmidt 1919).

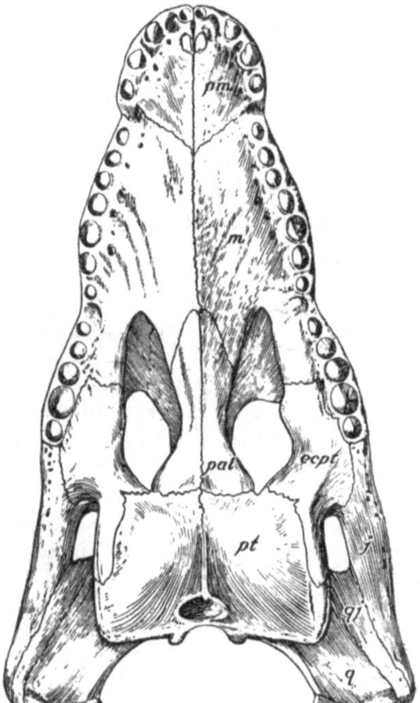

Fig. 24.
Osteolaemus tetraspis Cope. Schädel von unten (nach K. P. Schmidt 1919).

Bestimmungstabelle der Arten:

Schnauze am Ende deutlich gewölbt; Zehen durch halbe Schwimmhäute verbunden . . . . 1. **O. tetraspis**
Schnauze am Ende niedergedrückt; Zehen durch ganze Schwimmhäute verbunden . . . . 2. **O. osborni**

1. **O. tetraspis** Cope 1861 *O. t.*, E. D. Cope in: P. Ac. Philad., [1860] p. 550 | 1862 *Crocodilus frontatus*, Andr. Murray in: P. zool. Soc. London, p. 213 t. 29 | 1862 *Halcrosia frontata*, J. E. Gray in: Ann. nat. Hist., ser. 3 *v.* 10 p. 273 | 1865 *Crocodilus frontatus*, A. Duméril in: N. Arch. Mus. Paris, *v.* 1 Bull. p. 38 | 1866 *C. f.*, Strauch in: Mém. Ac. St.-Pétersb., ser. 7 *v.* 10 nr. 13 p. 37, 84 t. | 1867 *Halcrosia afzelii*, Lilljeborg in: P. zool. Soc. London, p. 715 f. | 1867 *H. nigra*, J. E. Gray in: Tr. zool. Soc. London, *v.* 6 p. 153 t. 31 f. 1—6 | 1869 *Crocodilus frontatus*, Strauch in: Bull. Ac. St.-Pétersb., *v.* 13 p. 51 | 1869 *Osteolaemus tetraspis*, E. D. Cope in: Tr. Amer. phil. Soc., ser. 2 *v.* 14 p. 85 | 1872 *Halcrosia nigra*, J. E. Gray, Cat. Shield Rept. Brit. Mus., *v.* 2 p. 20 | 1889 *Osteolaemus tetraspis*, Boulenger, Cat. Chelon. Croc. Brit. Mus, ed. 2 p. 288 | 1919 *O. t.*, K. P. Schmidt in: Bull. Amer. Mus., *v.* 39 p. 421 | 1920 *O. t.*, Chabanaud in: Bull. Soc. zool. France, *v.* 45 p. 231 | 1921 *O. t.*, Mook in: Bull. Amer. Mus., *v.* 44 p. 209 f. 10 | 1926 *O. t.*, Rodhain in: Rev. zool. Afr., *v.* 14 p. [21, 22] | 1927 *O. t.*, Witte in: ibid., *v.* 14 p. [65—79] f. 4—6.

Kopf $1\frac{1}{2}$—$1\frac{2}{3}$ mal so lang wie breit; Schnauze stumpf, am Ende angeschwollen, etwas länger als an der Basis breit, Oberfläche tief grubig, ohne Leisten; Interorbitalraum deutlich vertieft. Ein knöchernes Internasalseptum, von der Nasalia gebildet, trennt die Nasenöffnungen vollständig voneinander. Frontale von den Supratemporalgruben getrennt (Fig. 23). — Praemaxillo-Maxillarsutur nach hinten und medianwärts gerichtet; Palatina am Lateralrand konkav, bis zum Hinterrande der Fenestra palatina reichend; Pterygoide miteinander durch eine Naht verbunden (Fig. 24). Nuchalschild vom dorsalen deutlich getrennt, Occipitalschilder klein, unregelmäßig angeordnet, knöchern, gekielt, die größten mitunter eine Querreihe bildend. Lateralzehen durch halbe Schwimmhäute verbunden. Kehl- und Bauchschilder knöchern, aber nicht miteinander artikulierend.

Schwarz, einfarbig; Jungtiere gelb, breit schwarz gebändert auf Rücken und Schwanz. Schädelplatte hellbraun; Unterseite schwarz und gelb gebändert und gefleckt, namentlich die Kieferränder.

Länge bis 1,7 m.

Flüsse von Westafrika, südlich der Sahara bis zum Ogowe.

2. **O. osborni** (K. P. Schmidt) 1919 *Osteoblepharon o.*, K. P. Schmidt in: Bull. Amer. Mus., *v.* 39 p. 421 f. 2-5 t. 13 f. 1 | 1921 *O. o.*, Mook in: ibid., *v.* 44 p. 201, 208 f. 9.

Kopf $1\frac{2}{3}$ mal so lang wie breit, Schnauze stumpf, am Ende abgeplattet, nicht $1\frac{1}{2}$ so lang wie an der Basis breit, feingrubig, kein knöchernes Internasalseptum, Frontale mit den Hinterecken die Supratemporalgruben berührend (Fig. 25), Praemaxillo-Maxillarsutur quer; Palatina parallelseitig, nicht bis zwischen die Hinterränder der Fenestrae palatinae reichend. Pterygoide miteinander median verwachsen (Fig. 26). Lateralzehen durch ganze Schwimmhäute verbunden; Kehl- und Bauchschilder nicht verknöchert. Oberkieferrand weniger stark wellig als bei *tetraspis* Cope.

Färbung schwärzlich.

Länge 1,145 m.

Niapu und Stanleyville im Belgischen Kongo.

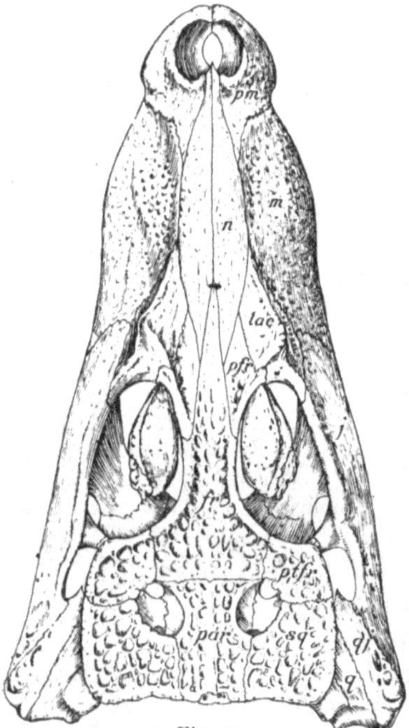

Fig. 25.
Osteolaemus osborni (K. P. Schmidt). Schädel von oben (nach K. P. Schmidt 1919).

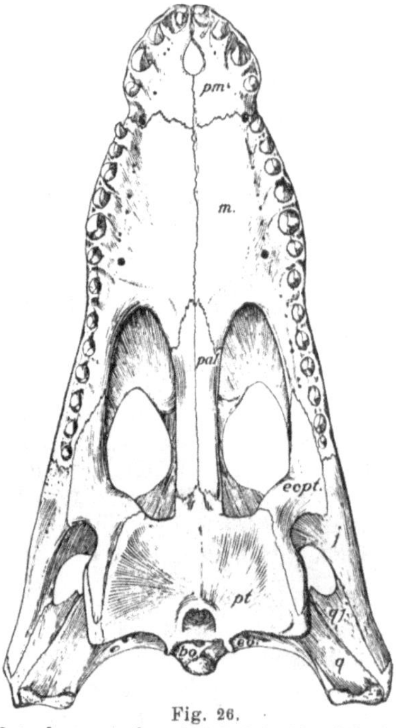

Fig. 26.
Osteolaemus osborni (K. P. Schmidt). Schädel von unten (nach K. P. Schmidt 1919).

3. Fam. **Alligatoridae**

1844 *A.*, J. E. Gray, Cat. Tort. Croc. Brit. Mus., p. 56 | 1860 *A.*, Huxley in: J. Linn. Soc. London, *v.* 4 p. 66.

Amerika, China.

4 Gattungen, 8 Arten, eine mit 3 Unterarten.

4. Unterkieferzahn in eine Grube des Oberkiefers hineinpassend. Zungenbeinhörner nach hinten stark verbreitert (Fig. 7 A); basales Bogenstück des

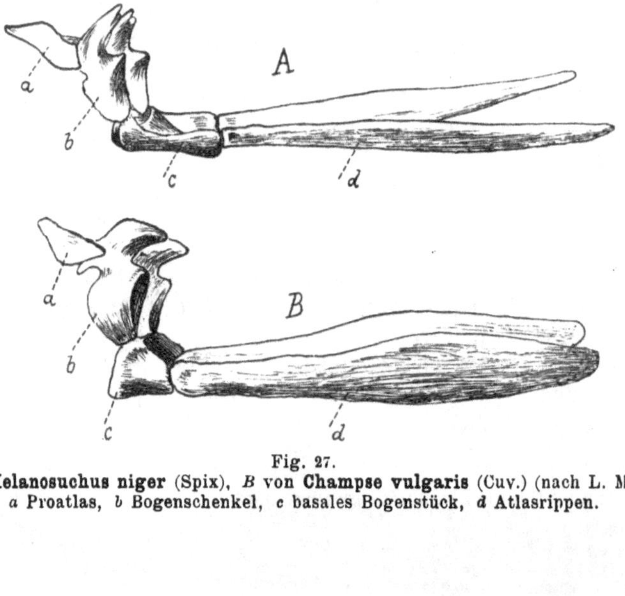

Fig. 27.
A Atlas von **Melanosuchus niger** (Spix), *B* von **Champse vulgaris** (Cuv.) (nach L. Müller 1924). *a* Proatlas, *b* Bogenschenkel, *c* basales Bogenstück, *d* Atlasrippen.

Atlas lang und schlank, Atlasrippen schlank, nach hinten divergierend (Fig. 27 A). Mandibularzähne beißen einwärts von den Maxillarzähnen. $\frac{17-20}{17-22}$ Zähne jederseits.

Bestimmungstabelle der Gattungen:

1 { Nur 4 Praemaxillarzähne; Supratemporalgrube nahezu oder vollständig geschlossen; Iris braun . . . . . . 4. Gen. **Crocodylus**
5 Praemaxillarzähne; Supratemporalgrube klein, aber stets vorhanden; Iris grün — **2**

2 { Kein knöchernes Nasenseptum; eine knöcherne Querleiste zwischen den Vorderrändern der Orbitae; knöcherner Bauchpanzer vorhanden — **3**
Knöchernes Nasenseptum vorhanden; keine knöcherne Querleiste zwischen den Vorderrändern der Orbitae; knöcherner Bauchpanzer fehlend oder sehr dünn . . 3. Gen. **Alligator**

3 { Neurapophysenenden der Dorsalwirbel quer verbreitert; mittlere beide Längsreihen von Dorsalschildern bilden eine vertebrale Längsleiste . . . . 2. Gen. **Melanosuchus**
Neurapophysenenden der Dorsalwirbel nicht verbreitert, daher keine vertebrale Längsleiste . . . . 1. Gen. **Jacaretinga**

1. Gen. **Jacaretinga** Spix

1758 *Lacerta* (part.), Linné, Syst. Nat., ed. 10 p. 200 | 1801 *Crocodilus* (part.), J. G. Schneider, Hist. Amph., *v.* 2 p. 1 | 1807 *Alligator* (part.), G. Cuvier in: Ann. Mus. Paris, *v.* 10 p. 30 | 1825 *Jacaretinga* + *Caiman*, Spix, Spec. Lacert. Bras., p. 1, 3 | 1830 *Champsa* (part.), Wagler, Syst. Amph., p. 140 | 1844 *Jacare*, J. E. Gray, Cat. Tort. Croc. Brit. Mus., p. 64 | 1862 *Cynosuchus*, J. E. Gray in: Ann. nat. Hist., ser. 3 *v.* 10 p. 328 | 1898 *Jacaretinga*, L. Vaillant in: N. Arch. Mus. Paris, ser. 3 *v.* 10 p. 170 | 1924 *J.*, Lorenz Müller in: Zool. Anz., *v.* 58 p. 315 | 1928 *Caiman*, K. P. Schmidt in: Publ. Field Columb. Mus., Zool. *v.* 12 p. 212.

$\frac{18-20}{17-20}$ Zähne in jeder Kieferhälfte; 4. Oberkieferzahn am größten. Schnauze mäßig lang oder kurz; kein knöchernes Nasenseptum; Nasenbeine bis zur Nasenöffnung reichend, Supratemporalgruben klein. Rückenpanzer aus 8—10 Längs- und 18—19 Querreihen, von gekielten, gelenkig verbundenen Knochenschildern zusammengesetzt, knöcherne Bauchschilder dachziegelartig übereinandergreifend; jedes Schild aus 2 durch Naht verbundenen Stücken bestehend. Neuropophysen der Rückenwirbel am Ende nicht verbreitert, keine vorspringende Medianleiste des Rückens unterscheidbar; Vomer auf dem Gaumen nicht sichtbar; Orbita nicht nach vorn vorgezogen, oberes Augenlid stark runzelig mehr oder weniger in ein kleines Horn ausgezogen.

Zentral- und Südamerika.

2 Arten, 3 Unterarten.

Bestimmungstabelle der Arten:

{ Die Breite der Schnauze ist auf der Verbindungslinie der Orbital-Vorderränder geringer als die Länge; 4 oder 5 Querreihen von großen Nuchalschildern, von denen 3 oder 4 aus 4 Schildern bestehen; alle Schilder auf Körper, Gliedmaßen und Schwanz beim Erwachsenen mit knöchernen Platten unterlagert . . . . 1. J. **crocodilus**
Die Breite der Schnauze kommt auf der Verbindungslinie der Orbitalvorderränder der Länge gleich; 3 oder 4 Querreihen von großen Nuchalschildern, von denen nur eine aus 4 Schildern besteht. Bauch hinten ohne Verknöcherung . . 2. J. **latirostris**

1. **J. crocodilus** (L.) 1758 *Lacerta c.*, Linné, Syst. Nat., ed. 10 p. 200 | 1801 *Crocodilus sclerops*, J. G. Schneider, Hist. Amph., *v.* 2 p. 162 | 1889 *Caiman s.*, Boulenger, Cat. Chelon. Croc. Brit. Mus., ed. 2 p. 294.

$\frac{18-19}{18-20}$ Zähne in jeder Kieferhälfte; 4. Oberkieferzahn beim Erwachsenen viel länger, als der 3. Kopf $1^1/_2$ mal so lang wie breit. Schnauze länger als am Grunde breit; eine starke Querleiste verbindet den Vorderrand der Orbitae (Fig. 28) und erstreckt sich mitunter nach vorn bis gegen den 4. Oberkieferzahn; Interorbitalraum vertieft; oberes Augenlid runzelig oder höckerig, öfters mehr oder weniger in ein kleines Horn ausgezogen, vorn eine kleine Knochenplatte enthaltend. Occipitalschilder klein, in 2 oder 3 mehr oder weniger regelmäßigen Querreihen; Nuchalia groß, gelenkig verbunden, in 4 oder 5 Querreihen, 2 oder 3 davon aus 4 Schildern bestehend. Von den 18 oder 19 Querreihen von Rückenschildern enthalten die breitesten 8 oder 10 Schilder; bei erwachsenen Tieren sind die Mittelreihen ebenso gekielt. Bei Erwachsenen sind alle Schilder am Körper, Gliedmaßen und Schwanz knöchern. Finger frei, Zehen am Grund durch Schwimmhäute verbunden.

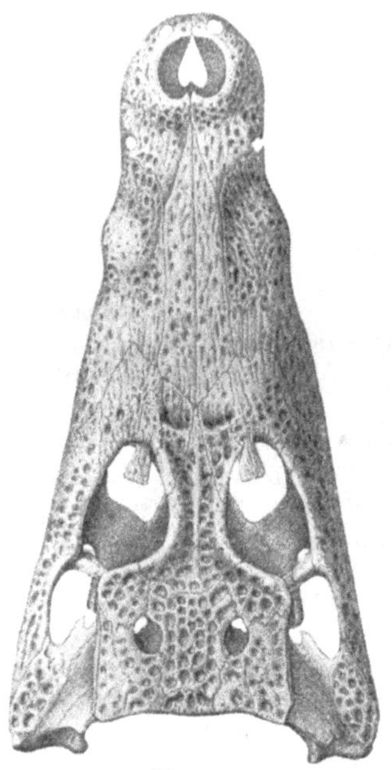

Fig. 28.
Jacaretinga crocodilus (L.) Schädel von oben (nach Siebenrock 1905).

Schwärzlich; Jungtier wie bei *Champse* hell olivenbraun, dunkelbraun oder schwarz gefleckt und gebändert, unterseits gelblich.

Länge bis 2,60 m. Eier 58—62×36—38 mm, rauhschalig.

Zentralamerika bis Argentinien: Mexiko, Guatemala, Guyana, Bolivia, Brasilien, Paraguay, Argentinien.

Zerfällt in 3 Unterarten:

1a. **J. crocodilus crocodilus** (L.) 1801 *Crocodilus sclerops*, J. G. Schneider, Hist. Amph., *v.* 2 p. 162 | 1802 *C. caiman*, Daudin, Hist. Rept., *v.* 2 p. 399 | 1807 *C. sclerops*, G. Cuvier in: Ann. Mus. Paris, *v.* 10 p. 1 t. 1 f. 7, 16, t. 2 f. 3 | 1817 *C. s.*, Tiedemann, Oppel & Liboschitz, Naturg. Amph., p. 60 t. 5 | 1825 *Jacaretinga punctulatus*, Spix, Spec. Lacert. Bras., p. 2 t. 2 | 1830 *Champsa sclerops*, Wagler, Syst. Amph., p. 140 | 1831 *Alligator s.*, J. E. Gray, Syn. Rept., *v.* 1 p. 62 | 1836 *A. s.* + *punctulatus*, C. Duméril & G. Bibron, Erpét., *v.* 3 p. 79, 91 | 1840 *Champsa vallifrons* + *punctulata*, Natterer in: Ann. Wien. Mus., *v.* 2 p. 322 t. 24 | 1844 *Jacare sclerops* + *vallifrons* + *punctulata* (part.), J. E. Gray, Cat. Tort. Croc. Brit. Mus., p. 64, 65 | 1862 *J. p.*, J. E. Gray in: Ann. nat. Hist., ser. 3 *v.* 10 p. 329 | 1866 *Alligator punctulatus* + *sclerops*, Strauch in: Mém. Ac. St.-Pétersb., ser. 7 *v.* 10 nr. 13 p. 24, 79, 21, 76 | 1867 *Jacare hirticollis*, J. E. Gray in: Tr. zool. Soc. London, *v.* 6 p. 165 | 1872 *J. punctulata* + *h.*, J. E. Gray, Cat. Shield Rept. Brit. Mus., *v.* 2 p. 26, 27 | 1889 *Caiman sclerops*, Boulenger, Cat. Chelon. Croc. Brit. Mus., ed. 2 p. 294 (part.) | 1893 *C. s.*, O. Boettger, Kat. Rept. Mus. Senckenb., *v.* 1 p. 20 | 1897 *C. s.*, Goeldi in: Zool. Jahrb., Syst. *v.* 10 p. 653 t. 27 f. 19 | 1898 *Jacaretinga s.*, (part.) L. Vaillant in: N. Arch. Mus. Paris, ser. 3 *v.* 10 p. 171 | 1900 *Caiman crocodilus*, L. G. Andersson in: Bih. Svenska Ak., *v.* 26 Afd. 4 nr. 1 p. 5 | 1901 *Jacaretinga c.*, Stejneger in: Science, n. ser. *v.* 13 p. 394 | 1901 *Caiman sclerops*, E. Lampe in: Jahrb. Ver. Nassau, *v.* 54 p. 198 | 1905 *Jacaretinga s.* (part.), L. Vaillant in: Bull. Mus. Paris, *v.* 11 p. 221 f. 2, 3 | 1906 *Caiman s.*, Hagmann in: Zool. Jahrb., Syst. *v.* 24 p. 313 t. 21 f. 4 | 1909 *C. s.*, Hagmann in: ibid., *v.* 28 p. 495 | 1911

C. s., E. Lampe in: Jahrb. Ver. Nassau, *v.* 64 p. 151 | 1913 *Jacaretinga s.*, H. W. Fowler in: P. Ac. Philad., *v.* 65 p. 173 | 1919 *Caiman s.*, Beebe in: Zoologica, *v.* 2 p. 211 | 1921 *Jacare s.* (part.), Mook in: Bull. Amer. Mus., *v.* 44 p. 233 | 1924 *Jacaretinga crocodilus*, Lorenz Müller in: Z. Morphol. Ökol., *v.* 2 p. 428 | 1924 *Caiman sclerops*, Bethencourt Ferreira in: J. Ac. Lisboa, ser. 2 *v.* 23 p. 82 | 1926 *C. s.*, Cott in: P. zool. Soc. London, p. 1171 | 1926 *C. s.* (part.), Luederwaldt in: Revista Mus. Paul., *v.* 14 p. 390 | 1928 *C. s.*, K. P. Schmidt in: Publ. Field Columb. Mus., Zool. *v.* 12 p. 225.

Pterygoide mit den Palatalöffnungen in schmaler Verbindung. Schnauze schmal mit geraden Leisten; Palatina schlank; 11—13 (meist 12) Schwanzwirtel mit doppeltem Schuppenkamm.

Nördliches Südamerika: unteres Amazonas-Gebiet, Guyana, Venezuela, Trinidad.

1b. **J. crocodilus jacare** (Daud.) 1802 *Crocodilus j.*, Daudin, Hist. Rept., *v.* 2 p. 399 | 1840 *Champsa sclerops*, Natterer (nec Schneider), in: Ann. Wien. Mus., *v.* 2 p. 321 t. 23 | 1862 *Jacare ocellata*, J. E. Gray in: Ann. nat. Hist., ser. 3 *v.* 10 p. 329 | 1867 *J. o.*, J. E. Gray in: Tr. zool. Soc. London, *v.* 6 p. 164 t. 33 | 1872 *J. o.*, J. E. Gray, Cat. Shield Rept. Brit. Mus., *v.* 2 p. 26 | 1889 *Caiman sclerops* (part.), Boulenger, Cat. Chelon. Croc. Brit. Mus., ed. 2 p. 294 | 1894 *C. s.*, Boulenger in: Ann. nat. Hist., ser. 6 *v.* 13 p. 347 | 1898 *C. s.*, Boulenger in: Ann. Mus. Genova, ser. 2 *v.* 19 p. 128 | 1898 *C. s.*, Koslowsky in: Revista Mus. La Plata, *v.* 8 p. 199 | 1905 *C. s.*, Siebenrock in: Denk. Ak. Wien, *v.* 76 p. 31 f. 1, 3 | 1914 *C. s.*, Bertoni, Descr. fís. econ. Parag., *v.* 59 nr. 1 p. 23 | 1928 *C. s.*, Krieg in: Z. Morphol. Ökol., *v.* 10 p. 162 f. 1—9 | 1928 *C. jacare*, K. P. Schmidt in: Publ. Field Columb. Mus., Zool. *v.* 12 p. 219.

Pterygoide in der Regel von der Berührung mit den Palatalöffnungen ausgeschlossen. Basale Schwanzwirtel 14—16; Zähne $\frac{19}{18}$.

Paraguay und Matto Grosso (Paraguay und Parnahyba-System).

1c. **J. crocodilus fuscus** (Cope) 1868 *Perosuchus f.*, E. D. Cope in: P. Ac. Philad., p. 203 | 1876 *Alligator (Jacare) chiapasius*, F. Bocourt in: J. Zool., *v.* 5 p. 401 | 1880 *A. (J.) c.*, Sumichrast in: Bull. Soc. zool. France, *v.* 5 p. 170 | 1889 *Caiman sclerops* (part.), Boulenger, Cat. Chelon. Croc. Brit. Mus., ed. 2 p. 294 | 1905 *Jacaretinga s.* (part.), L. Vaillant in: Bull. Mus. Paris, *v.* 11 p. 221 f. 2—3 | 1913 *Caiman s.*, H. W. Fowler in: P. N. Engl. zool. Club, *v.* 5 p. 103 | 1921 *Jacare s.* (part.), Mook in: Bull. Amer. Mus., *v.* 44 p. 233 f. 12 | 1922 *Caiman s.*, Ruthven in: Misc. Publ. Mus. Zool. Univ. Michigan, nr. 6 p. 69 | 1928 *C. fuscus*, K. P. Schmidt in: Publ. Field Columb. Mus., Zool. *v.* 12 p. 227.

Pterygoide in breiter Berührung mit den Palatalöffnungen. Schnauze breit, basale Schwanzwirtel 12—15 (meist 13—14). Palatina nach vorn verbreitert.

Zentralamerika, Columbien.

2. **J. latirostris** (Daud.) 1802 *Crocodilus l.*, Daudin, Hist. Rept., *v.* 2 p. 417 1825 *Caiman fissipes*, Spix, Spec. Lacert. Bras., p. 4 t. 3 | 1825 *Crocodilus sclerops*, Wied (nec Schneider), Beitr. Naturg. Bras., *v.* 1 p. 69 | 1830 *Champsa fissipes*, Wagler, Descr. Amph., pars 2 t. 17 | 1830 *C. f.*, Wagler, Syst. Amph., p. 140 | 1836 *Alligator cynocephalus*, C. Duméril & G. Bibron, Erpét., *v.* 3 p. 86 | 1840 *Champsa fissipes*, Natterer in: Ann. Wien. Mus., *v.* 2 p. 321 t. 22 | 1844 *Jacare f.*, J. E. Gray, Cat. Tort. Croc. Brit. Mus., p. 64 | 1862 *J. latirostris*, J. E. Gray in: Ann. nat. Hist., ser. 3 *v.* 10 p. 328 | 1866 *Alligator l.*, Strauch in: Mém. Ac. St.-Pétersb., ser. 7 *v.* 10 nr. 13 p. 19, 73 | 1867 *Jacare l.*, J. E. Gray in: Tr. zool. Soc. London, *v.* 6 p. 163 | 1868 *Alligator l.*, Hensel in: Arch. Naturg., *v.* 34 p. 348 | 1872 *Jacare l.*, J. E. Gray, Cat. Shield Rept. Brit. Mus., *v.* 2 p. 25 | 1881 *Alligator l.*, Burmeister in: An. Soc. Argent., *v.* 9 p. 244 1889 *Caiman l.*, Boulenger, Cat. Chelon. Croc. Brit. Mus., ed. 2 p. 294 | 1893 *C. l.*, O. Boettger, Kat. Rept. Mus. Senckenb., *v.* 1 p. 20 | 1898 *C. l.*, Koslowsky in: Revista

Mus. La Plata, *v.* 8 p. 199 | 1898 *C. l.*, Jhering in: P. Ac. Philad., p. 101 | 1898 *Jacaretinga l.*, L. Vaillant in: N. Arch. Mus. Paris, ser. 3 *v.* 10 p. 191 | 1905 *Caiman l.*, Siebenrock in: Denk. Ak. Wien, *v.* 76 p. 29 f. 2, 4, 5—7, 9 | 1911 *C. l.*, E. Lampe in: Jahrb. Ver. Nassau, *v.* 64 p. 151 | 1914 *C. l.*, Bertoni, Descr. fís. econ. Parag., *v.* 59 nr. 1 p. 23 | 1921 *Jacare l.*, Mook in: Bull. Amer. Mus., *v.* 44 p. 228 | 1924 *Caiman l.*, Bertoni in: J. Ac. Lisboa, ser. 2 *v.* 23 p. 81 | 1924 *Jacaretinga l.*, Lorenz Müller in: Z. Morphol. Ökol., *v.* 2 p. 441 | 1926 *J. l.*, Luederwaldt in: Revista Mus. Paul., *v.* 14 p. 389, 390 | 1928 *Caiman l.*, K. P. Schmidt in: Publ. Field Columb. Mus., Zool., *v.* 12 p. 216.

$\frac{18-19}{17-18}$ Zähne in jeder Kieferhälfte; 4. Oberkieferzahn viel länger als der 3. Kopf nicht mehr als $1^1/_2$ mal so lang wie breit. Schnauze sehr breit (Fig. 29), am Ende abgerundet, am Grunde fast ebenso breit wie lang. Vorderränder der Orbitae durch eine starke Querleiste verbunden, die sich nach vorn mehr oder weniger bis in die Gegend des 4. Oberkieferzahnes erstreckt. Interorbitalraum vertieft; oberes Augenlid runzelig oder höckerig, mehr oder weniger in ein kleines Horn ausgezogen, vorn mit einer kleinen Knochenplatte. Postorbitalschilder klein, in 2 mehr oder weniger regelmäßigen Querreihen, Nuchalia groß, in 3 oder 4 Querreihen, die vorderen aus 4, die folgenden aus 2 Schildern bestehend, die Querreihen durch einen Zwischenraum voneinander getrennt. Von den Rückenschildern die mittleren Reihen bei erwachsenen Tieren nur sehr stumpf gekielt; die hintersten Querreihen enthalten 8, selten 10 Schilder. Knöcherner Bauchpanzer von der ganzen Gruppe am schwächsten entwickelt, nur die Bauchschilder schindelförmig übereinander greifend. Hinterhälfte des Bauches ganz ohne Knochenplatten. Finger frei, Lateralzehen nur am Grunde durch Schwimmhaut verbunden.

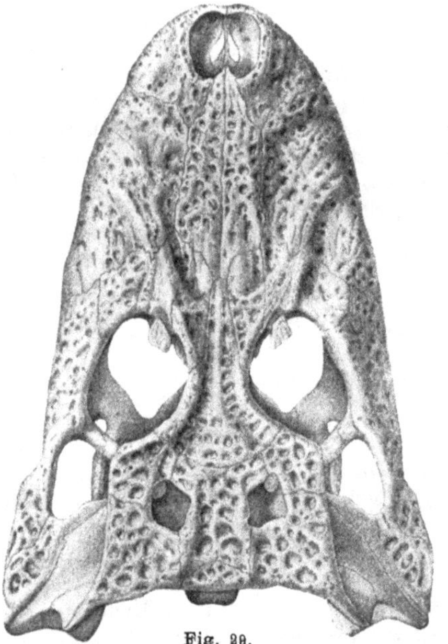

Fig. 29.
Jacaretinga latirostris (Daud.) Schädel von oben (nach Siebenrock 1905).

Erwachsen ganz einfarbig schwärzlich; Jungtiere olivenfarbig mit breiten, schwarzen Querbinden.

Länge 2 m und darüber.

Südamerika, östlich der Anden und südlich des Amazonas; Brasilien (Pernambuco, Bahia, Minas Geraes, Spirito Santo, Rio de Janeiro, São Paulo, Rio Grande do Sul) Paraguay, Argentinien (Missiones, Formosa); scheint mit der vorigen Art zu vikariieren; lebt im Alto Paraná und Rio San Francisco, wo *jacare* fehlt, der aber wieder in Parnahyba und Paraguay allein vorkommt.

2. Gen. **Melanosuchus** Gray

1825 *Caiman*, Spix, Spec. Lacert. Bras., p. 3 | 1830 *Champsa*, Wagler, Syst. Amph., p. 140 | 1844 *Jacare*, J. E. Gray, Cat. Tort. Croc. Brit. Mus., p. 65 | 1862 *Melanosuchus*, J. E. Gray in: Ann. nat. Hist., ser. 3 *v.* 10 p. 328 | 1866 *Alligator*, Strauch in: Mém. Ac. St. Pétersb., ser. 7 *v.* 10 nr. 13 p. 17, 71 | 1898 *Jacaretinga*, L. Vaillant in: N. Arch. Mus. Paris, ser. 3 *v.* 10 p. 182.

Orbita bis oberhalb des 9. oder 10. Maxillarzahnes vorgezogen; oberes Augenlid flach, nicht in ein kleines Horn ausgezogen. Mittlere Rückenschilderpaare eine deutliche erhöhte Längsleiste bildend, die durch die quer verbreiterten Neurapophysen der Dorsalwirbel gestützt wird (Fig. 30). Vomer am Gaumen ventral zwischen den Maxillen als kleine rhombische Knochenplatte sichtbar.

Nördliches Südamerika (Amazonasgebiet).

1 Art.

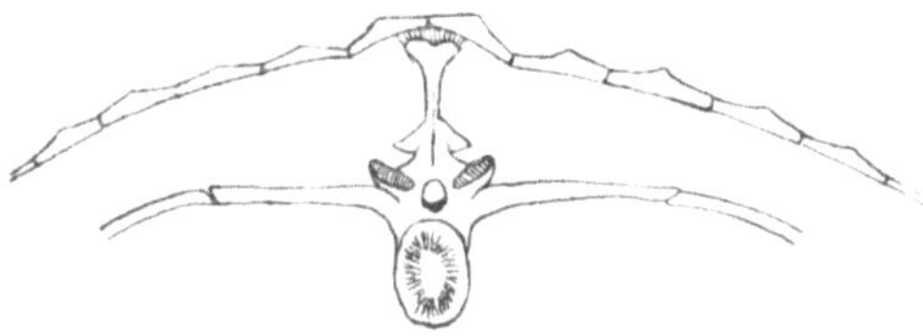

Fig. 30.
Melanosuchus niger (Spix). Vorderansicht eines Rückenwirbels mit dem verbreiterten Dornfortsatz und den über ihm erhöhten mittleren beiden Dorsalschildern im Querschnitt (nach L. Müller 1924).

1. **M. niger** (Spix) 1825 *Caiman n.*, Spix, Spec. Lacert. Bras., p. 3 t. 4 | 1830 *Champsa n.*, Wagler, Syst. Amph., p. 140 | 1840 *C. nigra*, Natterer in: Ann. Wien. Mus., *v.* 2 p. 320 t. 21 | 1844 *Jacare n.*, J. E. Gray, Cat. Tort. Croc. Brit. Mus., p. 65 | 1862 *J. n.*, J. E. Gray in: Ann. nat. Hist., ser. 3 *v.* 10 p. 328 | 1866 *Alligator niger*, Strauch in: Mém. Ac. St.-Pétersb., ser. 7 *v.* 10 nr. 13 p. 17, 71 | 1867 *Jacare nigra*, J. E. Gray in: Tr. zool. Soc. London, *v.* 6 p. 162 | 1872 *J. n.*, J. E. Gray, Cat. Shield Rept. Brit. Mus., *v.* 2 p. 25 | 1889 *Caiman niger*, Boulenger, Cat. Chelon. Croc. Brit. Mus., ed. 2 p. 292 | 1898 *Jacaretinga n.*, L. Vaillant in: N. Arch. Mus. Paris, ser. 3 *v.* 10 p. 182 | 1902 *Caiman n.*, Hagmann in: Zool. Jahrb., Syst. *v.* 16 p. 405 | 1905 *C. n.*, Siebenrock in: Denk. Ak. Wien, *v.* 76 p. 38 | 1906 *C. n.*, Hagmann in: Zool. Jahrb., Syst. *v.* 24 p. 315 t. 21 | 1909 *C. n.*, Hagmann in: ibid., *v.* 28 p. 495 t. 10 | 1911 *C. n.*, E. Lampe in: Jahrb. Ver. Nassau, *v.* 64 p. 150 | 1921 *Jacare n.*, Mook in: Bull. Amer. Mus., *v.* 44 p. 219 f. 11 | 1924 *Jacaretinga n.*, Lorenz Müller in: Z. Morphol. Ökol., *v.* 2 p. 449 f. 1—3, 5, t. 4 f. 2, 4, 6, t. 5 f. 12, 30 | 1924 *Caiman n.*, Bethencourt Ferreira in: J. Ac. Lisboa, ser. 2 *v.* 23 p. 81 | 1926 *C. n.*, Cott in: P. zool. Soc. London, p. 1171 | 1926 *C. n.*, Luederwaldt in: Revista Mus. Paul., *v.* 14 p. 389, 390 | 1928 *C. n.*, K. P. Schmidt in: Publ. Field Columb. Mus., Zool. *v.* 12 p. 213.

$\frac{18-19}{17-18}$ Zähne in jeder Kieferhälfte; der 4. Oberkieferzahn länger als der 3. Kopf $1^3/_5$—$1^2/_3$ mal so lang wie breit; Schnauze stumpf, etwas länger als breit; vor der vertieften Interorbitalgegend eine schwache Querleiste, 2 starke Vertiefungen begrenzend; 2 schiefe Leisten auf jeder Seite der Schnauze, eine von der Orbita zum 4. Oberkieferzahn, die andere von den Frontalgruben zum 5. Praemaxillarzahn. Orbita nach vorn bis oberhalb des 9. oder 10. Oberkieferzahnes verlängert; oberes Augenlid flach, oben fein gestreift, vorn mit einer kleinen eingelagerten Knochenplatte; Supratemporalgruben vorhanden. Postoccipitalschilder klein, in 4 oder 5 Querreihen; 4 Querreihen großer Nuchalia, die ersten beiden aus 4 Schildern zusammengesetzt, alle miteinander in gelenkiger Verbindung. Rückenpanzer in 19 Querreihen von Schildern, deren breiteste 10 Schilder zählen; alle sind stark und scharf gekielt. Ventralschilder verknöchert und schindelartig übereinander greifend; nur in der hinteren Bauchgegend sind die Verknöcherungen klein oder fehlen vollständig. Finger frei, Lateralzehen mit halben Schwimmhäuten.

Oben schwarz, unten gelb; Jungtiere mit abwechselnd gelben und schwarzen Querbinden.

Länge bis gegen $4^1/_2$ m. Eier $84-92 \times 52-58$ mm, rauhschalig.

Amazonas Gebiet bis zum östlichen Ecuador und Peru.

3. Gen. **Alligator** Cuv.

1807 *A.* (part.), G. Cuvier in: Ann. Mus. Paris, *v.* 10 p. 30 | 1830 *Champsa* (part.), Wagler, Syst. Amph., p. 140 | 1836 *Alligator* (part.), C. Dumeril & G. Bibron, Erpét., *v.* 3 p. 63 | 1844 *A.*, J. E. Gray, Cat. Tort. Croc. Brit. Mus., p. 66 | 1860 *A.*, Huxley in: J. Linn. Soc. London, *v.* 4 p. 3 | 1866 *A.* (part.), Strauch in: Mém. Ac. St.-Pétersb., ser. 7 *v.* 10 nr. 13 p. 9 | 1872 *A.*, J. E Gray, Cat. Shield Rept. Brit. Mus., *v.* 2 p. 28 | 1889 *A.*, Boulenger, Cat. Chelon. Croc. Brit. Mus., ed. 2 p. 289.

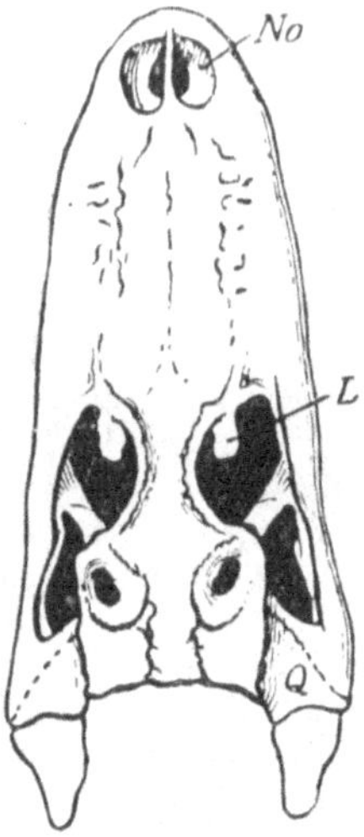

Fig. 31. **Alligator mississippiensis** (Daud.) Schädel von oben. Supratemporalgruben klein. (Nach Gadow 1901).

$\frac{17-20}{18-20}$ Zähne in jeder Kieferhälfte; 4. Oberkieferzahn der längste; 4. Unterkieferzahn in eine Grube des Oberkiefers eingreifend. Schnauze verhältnismäßig kurz und breit; ein knöchernes Internasalseptum vorhanden, das von den Nasenbeinen gebildet wird; Supratemporalgruben klein (Fig. 31). Unterkiefersymphyse bis zum 4. Zahn reichend. Spleniale die Symphyse nicht erreichend. Rückenpanzer aus 6 oder 8 Längsreihen von gekielten, knöchernen Schildern zusammengesetzt; keine oder nur dünne Verknöcherungen der Kehl- und Bauchschilder.

Nordamerika und China.

2 sichere Arten und 1 unsichere Art.

Bestimmungstabelle der Arten:

- Schnauze nach vorn verschmälert; Kopf fast $1^1/_2$ mal so lang wie breit. Die breiteste Querreihe von Rückenschildern aus sechs Schildern bestehend, sechs große Nuchalschilder; oberes Augenlid ganz knöchern; Finger frei . . . . 1. **A. sinensis**
- Schnauze mit fast parallelen Seitenrändern, Kopf fast 2 mal so lang wie breit. Die breiteste Querreihe von Rückenschildern aus 8 Schildern zusammengesetzt; 4 große Nuchalschilder; oberes Augenlid vorn knöchern: Finger durch Schwimmhäute verbunden . . . . . 2. **A. mississippiensis**

1. **A. sinensis** Fauv. 1879 *A. s.*, Fauvel in: J. N. China Soc., (n. ser.) *v.* 13 p. 1 | 1880 *A. s.*, L. Vaillant in: Ann. Sci. nat., ser. 6 *v.* 9 art. 8 | 1888 *A. s.*, O. Boettger in: Ber. Offenb. Ver., *v.* 26—28 p. 111 | 1889 *A. s.*, Boulenger, Cat. Chelon. Croc. Brit. Mus., ed. 2 p. 291 | 1890 *A. s.*, Boulenger in: P. zool. Soc. London, p. 619 t. 51—52 | 1894 *A. s.*, O. Boettger in: Ber. Senckenb. Ges., p. 142 | 1898 *A. s.*, L. Vaillant in: N. Arch. Mus. Paris, ser. 3 *v.* 10 p. 206 t. 13 | 1910 *A. s.*, Barbour in: P. Ac. Philad., *v.* 62 II p 464 | 1922 *A. s.*, Barbour in: P. N. Engl. zool. Club, *v.* 8 p. 31 | 1923 *A. s.*, Mook in: Bull. Amer. Mus., *v.* 48 p. 553 | 1927 *A. s.*, K. P. Schmidt in: ibid., *v.* 54 p. 476.

Oben 17—18, unten 18—19 Zähne in jeder Kieferhälfte. Kopf fast $1^1/_2$ mal so lang wie breit, Seitenränder der Schnauze nach vorn konvergierend, das Ende abgerundet; oberes Augenlid vollkommen verknöchert.

3 Paare von großen Nuchalschildern, die in der Mittellinie aneinanderstoßen; vor diesen 2 kleine, runde isolierte Schildchen und zwischen ihnen und dem Hinterhaupt weitere 6 Schildchen in einem Halbkreis. Die Dorsalschilder stehen in 17 Querreihen, in der breitesten derselben zählt man 6 Schilder. Ventralschilder nur mit einer dünnen Verknöcherung. Finger frei, Zehen mit nur halben Schwimmhäuten.

Oberseite schwarzgrün, gelb getüpfelt und vermikuliert; im Alter dunkelbraun bis schwärzlich, Unterseite hellgrau. Jungtiere gelb gebändert; 5 solcher Querbänder auf dem Rumpf, 8 auf dem Schwanz; Kopf oben braungelb mit schwarzen Flecken.

Länge bis $1^3/_4$ m.

Yang-tse-Kiang.

2. **A. mississippiensis** (Daud.) 1802 *Crocodilus m.*, Daudin, Hist. Rept., *v.* 2 p. 412 | 1807 *C. lucius*, G. Cuvier in: Ann. Mus. Paris, *v.* 10 p. 32 | 1815 *C. cuvieri*, Leach, Zool. Misc., *v.* 2 p. 117 t. 102 | 1817 *C. lucius*, Tiedemann, Oppel & Liboschitz, Naturg. Amph., p. 58 t. 4 | 1824 *C. l.*, G. Cuvier, Rech. Ossem. foss., ed. 2 *v.* 5 II p. 32 t. 1 u. 2 | 1824 *Alligator l.* + *cuvieri*, Bory in: Dict. class. Hist. nat., *v.* 5 p. 100, 104 | 1831 *A. mississippiensis*, J. E. Gray, Syn. Rept., *v.* 1 p. 62 | 1835 *Crocodilus lucius* Harlan, Med. Phys. Res., p. 146 | 1836 *Alligator l.*, C. Duméril & G. Bibron, Erpét. *v.* 3 p. 75 t. 25 u. 26 | 1842 *A. mississippiensis*, Holbrook, N. Amer. Herpet., ed. 2 *v.* 2 p. 53 t. 6 | 1844 *A. m.*, J. E. Gray, Cat. Tort. Croc. Brit. Mus., p. 66 | 1866 *A. m.*, Strauch in: Mém. Ac. St.-Pétersb., ser. 7 *v.* 10 nr. 13 p. 15, 66 | 1867 *A. m.*, J. E. Gray in: Tr. zool. Soc. London, *v.* 6 p. 168 | 1872 *A. m.*, J. E. Gray, Cat. Shield Rept. Brit. Mus., *v.* 2 p. 29 | 1882 *A. m.*, Chaffanjon in: Ann. Soc. Linn. Lyon, *v.* 28 p. 83 | 1889 *A. m.*, Boulenger, Cat. Chelon. Croc. Brit. Mus., ed. 2 p. 290 | 1900 *A. m.*, E. D. Cope in: Rep. U. S. Mus., 1898 p. 168 f. 1 | 1907 *A. m.*, Ditmars, Rept. Book, p. 84 t. 30 | 1921 *A. m.*, Mook in: Bull. Amer. Mus., *v.* 44 p. 253 f. 14 | 1929 *A. m.*, Kellogg in: U. S. Dep. Agric., Techn. Bull. nr. 147 p. 1—36.

Oben 17—20, unten 18—20 Zähne in jeder Kieferhälfte; Kopfbreite ungefähr die Hälfte der Kopflänge; Schnauze (Fig. 32) sehr abgeplattet, am

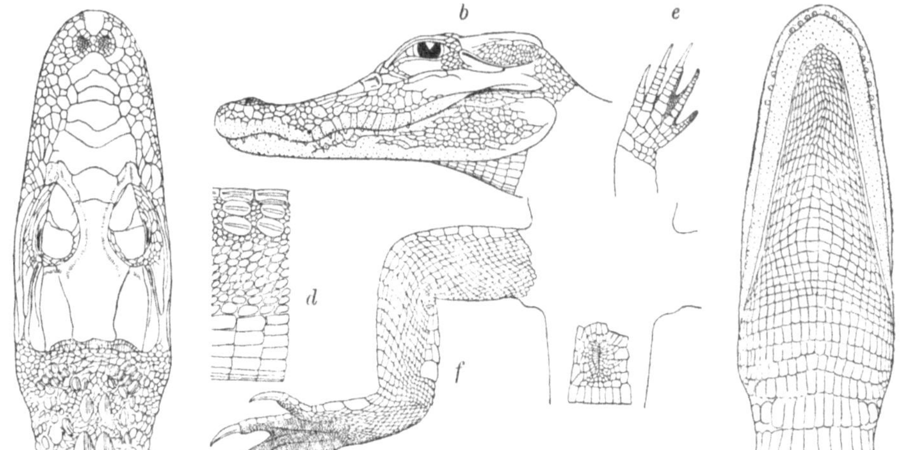

Fig. 32.
Alligator mississippiensis (Daud.) *a* Kopf von oben, *b* von der Seite, *c* von unten, *d* Stück des Rumpfes von der Seite, *e* Vorderfuß, *f* Kloakenspalte und Hinterbein (nach Cope 1900).

Ende breit abgerundet, mit fast geraden, parallelen Seitenrändern; eine sehr kurze Leiste vor jedem Auge; oberes Augenlid vorn verknöchert. Nuchalia groß, 2 Paare, miteinander ein Quadrat bildend, in der Mittellinie voneinander getrennt; vorher und dahinter ein Paar von kleineren Schildern. Rückenschild 17—18 Querreihen bildend, die breitesten aus 8 Schildern zusammengesetzt. Finger durch nicht ganz halbe Schwimmhäute verbunden, die Lateralzehen durch $^2/_3$ Schwimmhäute (Fig. 32 e, f).

Oberseite schwarzgrün oder schwarz; bei Jungtieren mit gelblichen Querbinden; 6 auf dem Rumpf, 10—11 auf dem Schwanz. Unterseite gelblich.

Länge bis $4^1/_2$ m. Eier 73—80×50—53 mm, glattschalig.

Südöstliche Vereinigte Staaten von Nord-Carolina (Albemarle Sound) über Süd-Carolina und Georgia bis Florida, nach Westen durch Alabama und Mississippi bis Louisiana und von hier nach Norden am Mississippi aufwärts nach Arkansas und am Red River aufwärts längs der Nordgrenze von Texas. Westgrenze am 110° w. L. in Texas, Südgrenze bildet der Rio Grande.

Unsichere Art:

A. helois Cope 1865 *A. h.*, E. D. Cope in: P. Ac. Philad., p. 185.

Von *A. mississippiensis* (Daud.) durch folgende Merkmale verschieden: 2 Kiele hinter und zwischen den Augen, nach hinten divergierend; ein kurzer Querkiel vor den Augen. 2 schiefe Reihen von erhöhten, hornförmigen Schildern auf jeder Seite des Halses, von ziemlich geringer Größe; 4 in der medianen, 3 in der lateralen Reihe; der 3. Schild der Medialreihe bildet mit dem 2. der lateralen und 2 großen hohen medianen Schildern eine Querreihe. Ventralia mit dünner Verknöcherung. Finger frei; Schwanzende oben wenig gesägt, kaum zusammengedrückt.

Dunkelbraun, mit gelben Vertikalbinden an Seiten und Schwanz, die ersteren sehr unregelmäßig. Kinn, Kehle und Lippen gelb, ohne Flecke. Länge 1,30 m. Fundort unbekannt.

Es ist nur die Type bekannt und es scheint sich um ein abnormes Exemplar des *A. mississippiensis* (Daud.) zu handeln.

4. Gen. **Crocodylus** Laur.

1768 *C.*, Laurenti, Syn. Rept., p. 53 | 1801 *Crocodilus* (part.), J. G. Schneider, Hist. Amph., *v.* 2 p. 1 | 1807 *Alligator* (part.), G. Cuvier in: Ann. Mus. Paris, *v.* 10 p. 30 | 1825 *Jacaretinga* (part.), Spix, Spec. Lacert. Bras., p. 1 | 1844 *Caiman*, J. E. Gray (nec. Spix), Cat. Tort. Croc. Brit. Mus., p. 66 | 1862 *Aromosuchus* + *Paleosuchus*, J. E. Gray in: Ann. nat. Hist., ser. 3 *v.* 10 p. 330 | 1921 *Caiman*, Mook in: Bull. Amer. Mus., *v.* 44 p. 244 | 1924 *Paleosuchus*, Lorenz Müller in: Zool. Anz., *v.* 58 p. 316 | 1928 *P.*, K. P. Schmidt in: Publ. Field Columb. Mus., Zool. *v.* 12 p. 208.

Nur 4 Praemaxillarzähne; 3. und 4. Oberkieferzahn am längsten, oberes Augenlid vollkommen verknöchert (Fig. 33 c), der Knochen aus 4 Stücken zusammengesetzt; keine quere Knochenleiste zwischen den Augen; Supratemporalgruben fast oder vollständig (Fig. 33 c) verwachsen; Supraoccipitale auf der Oberseite des Schädels weit nach vorn vorspringend. Iris der Augen kastanienbraun.

Nördliches Südamerika.

2 Arten.

Bestimmungstabelle der Arten:

- Einige oder alle Schilder zwischen den Hinterbeinen in 2 oder 3 Längsreihen; Schwanzkamm bis zum 9. oder 10. Wirtel (inklusive) doppelt . . . . 1. **C. niloticus**
- Alle Schilder zwischen den Hinterbeinen in 4 Längsreihen. Schwanzkamm bis zum 11. oder 12. Wirtel (inklusive) doppelt . . . . 2. **C. palpebrosus**

1. **C. niloticus** Laur. 1768 *C. n.*, Laurenti, Syn. Rept., p. 53 | 1801 *Crocodilus trigonatus*, J. G. Schneider, Hist. Amph., *v.* 2 p. 161 | 1807 *C. t.* + *C. palpebrosus* var. 2, G. Cuvier in: Ann. Mus. Paris, *v.* 10 p. 64, 35 t. 2 f. 1 | 1817 *C. t.*, Tiedemann, Oppel & Liboschitz, Naturg. Amph., p. 66 t. 7 | 1820 *Alligator t.*, Merrem, Versuch Syst. Amph., p. 35 | 1830 *Champsa trigonata*, Wagler, Syst. Amph., p. 140 | 1831 *Alligator palpebrosus* var. b, J. E. Gray, Syn. Rept., *v.* 1 p. 63 | 1836 *A. p.* var. 6, C. Duméril & G. Bibron, Erpét., *v.* 3 p. 72 | 1840 *Champsa trigonata*, Natterer in: Ann. Wien. Mus., *v.* 2 p. 323 t. 26 | 1844 *Caiman trigonatus*, J. E. Gray, Cat. Tort. Croc. Brit. Mus., p. 66 | 1862 *C. t.*, J. E. Gray in: Ann. nat. Hist., ser. 3 *v.* 10 p. 330 | 1866 *Alligator t.*, Strauch in: Mém. Ac. St.-Pétersb., ser. 7 *v.* 10 nr. 13 p. 27 | 1872 *Caiman t.*, J. E. Gray, Cat. Shield Rept. Brit. Mus., *v.* 2 p. 28 | 1889 *C. t.*, Boulenger, Cat. Chelon. Croc. Brit. Mus., ed. 2 p. 296 | 1898 *Jacaretinga t.*, L. Vaillant in: N. Arch. Mus. Paris, ser. 3 *v.* 10 p. 171 | 1904 *Caiman t.*, Lidth de Jeude in: Not. Leyden Mus., *v.* 25 p. 84 | 1919 *C. t.*, Beebe in: Zoologica, *v.* 2 p. 211 f. 13 | 1924 *Paleosuchus niloticus*, Lorenz Müller in: Z. Morphol. Ökol., *v.* 2 p. 446 t. 5 f. 32, 33 | 1924 *P. n.*, Lorenz Müller in: Zool. Anz., *v.* 58 p. 319 | 1926 *Caiman trigonatus*, Luederwaldt in: Revista Mus. Paul., *v.* 14 p. 389—391 | 1928 *Paleosuchus t.*, K. P. Schmidt in: Publ. Field Columb. Mus., Zool. *v.* 12 p. 209.

$\frac{19-20}{20-22}$ Zähne in jeder Kieferhälfte; Kopf $1^3/_4$—2 mal so lang wie breit; Schnauze abgerundet dreieckig, $1^1/_2$—2 mal so lang wie an der Basis breit; Interorbitalraum wenig vertieft; oberes Augenlid flach und glatt. Eine Reihe von Postoccipitalschildern, dahinter 4—5 Querreihen von großen, sehr hoch und scharf gekielten Nuchalschildern, jede Querreihe aus 2, manchmal 3 oder 4 Schildern zusammengesetzt; Rückenplatten in 18 oder 19 Querreihen, von denen die breitesten aus 6 Schildern bestehen; die hintersten zwischen den Gliedmaßen aber nur aus 2 oder 3; die Dorsalschilder sind, mit Ausnahme der beiden Mittelreihen, durch sehr starke und hohe Kiele ausgezeichnet. Der Schuppenkamm des Schwanzes wird am 10. oder 11. Schwanzwirtel einfach. Knöcherner dorsaler und ventraler Panzer stark entwickelt; Seiten des Körpers weich, mit verstreuten, kleinen Knochentuberkeln; Gular- und laterale Ventralschuppen gekielt. Finger frei, Zehen an der Basis durch Schwimmhaut verbunden.

Oberseite gelb- bis dunkelbraun, in der Jugend mit schwarzen Flecken und Querbinden.

Länge bis 1,40 m.

Tropisches Südamerika östlich der Anden: Holl. und Brit. Guyana, Venezuela, Peru, Bolivia, Brasilien bis zum 10° s. Br.

2. **C. palpebrosus** (Cuv.) 1807 *Crocodilus p.* var. 1, G. Cuvier in: Ann. Mus. Paris, *v.* 10 p. 35 t. 1 f. 6, t. 2 f. 2 | 1817 *C. p.* var. 1, Tiedemann, Oppel & Liboschitz, Naturg. Amph., p. 64 t. 6 | 1820 *Alligator p.*, Merrem, Versuch Syst. Amph., p. 35 | 1825 *Jacaretinga moschifer*, Spix, Spec. Lacert. Bras., p. 1 t. 1 | 1830 *Champsa palpebrosus*, Wagler, Syst. Amph., p. 140 | 1831 *Alligator p.*, J. E. Gray, Syn. Rept., *v.* 1 p. 63 | 1836 *A. p.*, C. Duméril & G. Bibron, Erpét., *v.* 3 p. 69 | 1840 *Champsa palpebrosa*, Natterer in: Ann. Wien. Mus., *v.* 2 p. 324 t. 27a | 1840 *C. gibbiceps*, Natterer in: Ann. Wien. Mus., *v.* 2 p. 324 t. 28 | 1844 *C. g.*, J. E. Gray, Cat. Tort. Croc. Brit. Mus., p. 67 | 1844 *Caiman palpebrosus*, J. E. Gray, ibid., p. 67 | 1862 *C. p.*, J. E. Gray in: Ann. nat. Hist., ser. 3 *v.* 10 p. 330 | 1866 *Alligator p.*, Strauch in: Mém. Ac. St.-Pétersb., ser. 7 *v.* 10 nr. 13 p. 25 | 1872 *Caiman p.*, J. E. Gray, Cat. Shield Rept. Brit. Mus., *v.* 2 p. 28 | 1889 *C. p.*, Boulenger, Cat. Chelon. Croc. Brit. Mus., ed. 2 p. 296 | 1898 *Jacaretinga p.*, L. Vaillant in: N. Arch. Mus. Paris, ser. 3 *v.* 10 p. 173 | 1904 *Caiman p.*, Peracca in: Boll. Mus. Torino, *v.* 19 nr. 460 p. 2 | 1909 *C. p.*, F. Werner in: Zool. Jahrb., Syst. *v.* 28 p. 266 | 1919 *C. p.*, Beebe in: Zoologica, *v.* 2 p. 211 | 1921 *C. p.*, Mook in: Bull. Amer. Mus., *v.* 44 p. 252 | 1924 *Paleosuchus p.*, Lorenz Müller in: Z. Morphol. Ökol.,

v. 2 p. 441 t. 5 f. 31 | 1924 *Caiman p.*, Bethencourt Ferreira in: J. Ac. Lisboa, ser. 2 *v.* 23 p. 82 | 1926 *C. p.*, Luederwaldt in: Revista Mus. Paul., *v.* 14 p. 389, 391 | 1928 *Paleosuchus p.*, K. P. Schmidt in: Publ. Field Columb. Mus., Zool. *v.* 12 p. 210.

$\frac{19-20}{20}$ Zähne in jeder Kieferhälfte. Kopf $1^3/_5$—$1^2/_3$ mal so lang wie breit; Schnauze abgerundet dreieckig, $1^1/_2$ mal so lang wie an der Basis breit; Interorbitalgegend schwach vertieft; oberes Augenlid flach und glatt; Zügelgegend sehr steil und hoch; Schnauzenkante winkelig; Postoccipitalschilder in 2 Querreihen; dahinter 4—5 Querreihen großer, sehr

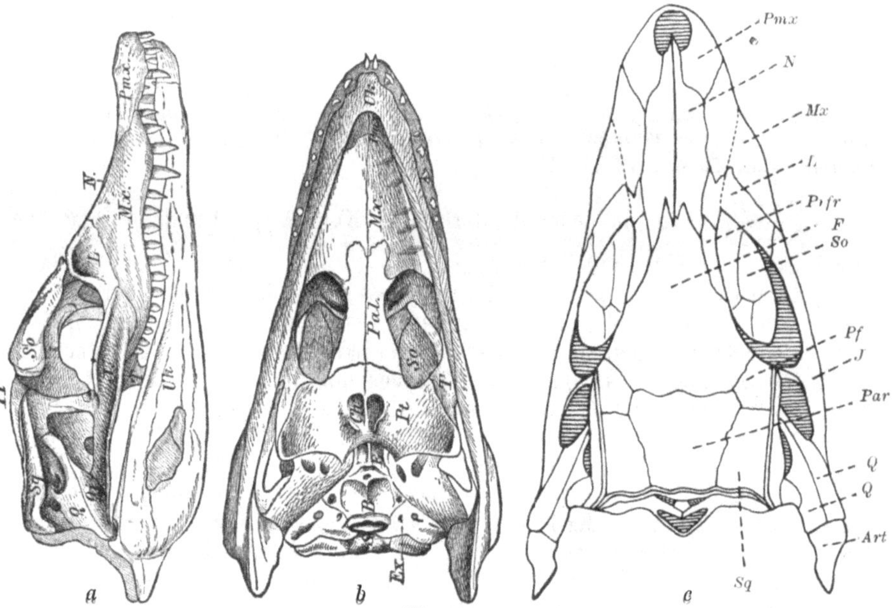

Fig. 33.
Schädel von **Crocodylus palpebrosus** (Cuv.) *a* von der Seite (nach Werner), *b* von unten (nach Werner), *c* von oben (Original).
Pmx = Praemaxillare, *N* = Nasale, *Mx* = Maxillare, *L* = Lacrymale, *Prfr* = Praefrontale, *Fr* = Frontale, *So* = Supraorbitale, *Pf* = Postfrontale, *J* = Jugale, *Par* = Parietale, *Qj* = Quadratojugale, *Q* — Quadratum, *Sq* = Squamosum, *Pal* = Palatinum, *Pt* = Pterygoid, *T* = Transversum, *B* = Basioccipitale, *Ex* = Exoccipitale, *S* = Supraoccipitale, *Ch* = Choanen, *Art* = Articulare, *Uk* = Unterkiefer.

hoch und scharf gekielter Nuchalschilder, von denen die 2. und 3. Reihe aus 3 oder 4, die übrigen aus 2 Schildern bestehen. Dorsalplatten in 18 oder 19 Querreihen, die breitesten aus 6 oder 8 Schildern bestehend, die Kiele sind weniger hoch als bei der vorigen Art; die Querreihen zwischen den Hinterbeinen stets aus 4 Schildern zusammengesetzt. Der Schwanzkamm wird am 12. oder 13. Wirtel einfach. Knöcherner Rücken- und Bauchpanzer stark entwickelt; Seitenschilder wie bei voriger Art; ebenso Kehl- und laterale Bauchschilder gekielt; Finger frei, Zehen am Grunde durch Schwimmhaut verbunden (Fig. 33a—c).

Oberseite gelblichbraun bis dunkelbraun, bei Jungtieren mit schwarzen Flecken und Querbinden.

Länge bis 1,20 m.

Britisch- und Französisch-Guyana; Brasilien (Pará; Amazonas, Matto Grosso; oberer Paraguay; ? São Paulo).

Alphabetisches Register

Loricata von F. Werner

Nomenclator generum et subgenerum

von W. F. Reinig

Alligator subgen. G. Cuvier 1807 in: Ann. Mus. Paris, *v.* 10 p. 30, 63. Sp.: *Crocodilus (A.) lucius, sclerops, palpebrosus, trigonatus.*

Aromosuchus subgen. J. E. Gray 1862 in: Ann. nat. Hist., ser. 3 *v.* 10 p. 330. Sp.: *Caiman (A.) palpebrosus.*

Bombifrons J. E. Gray 1862 in: Ann. nat. Hist., ser. 3 *v.* 10 p. 266, 269. Sp.: *B. trigonops, Siamensis.*

Caiman pro *Alligator* G. Cuvier 1807 Spix 1825, Spec. Lacert. Bras., p. 3. Sp.: *C. niger, fissipes.*

Campsa [pro *Champse* B. Merrem 1820] F. Ritgen 1828 in: N. Acta Ac. Leop., *v.* 141 p. 275.

Champsa Wagler 1830, Syst. Amph., p. 140. Sp.: *C. Lucius, sclerops, palpebrosus, trigonatus, fissipes, niger.*

Champse subgen. B. Merrem 1820, Versuch Syst. Amph., p. 36. Sp.: *Crocodilus (C.) biscutatus, galeatus, rhombifer, biporcatus*, gemeiner, Schneiderscher, spitzrüsseliger.

Crocodillus [pro *Crocodylus* L. Gronovius 1763] G. Scopoli 1777, Intr. Hist. nat., p. 463 Index An. p. [3].

Crocodilus [pro *Crocodylus* L. Gronovius 1763] J. Gmelin-Linné 1789, Syst. Nat., ed. 131 *v.* 3 p. 1057.

Crocodilus G. Cuvier 1807 in: Ann. Mus. Paris, *v.* 10 p. 40, 65. Sp.: *C. lucius, sclerops, palpebrosus, trigonatus, vulgaris, biporcatus, rhombifer, galeatus, biscutatus, acutus, gangeticus, tenuirostris.*

Crocodilus subgen. J. E. Gray 1844, Cat. Tort. Croc. Brit. Mus., p. 61. Sp.: *Crocodilus (C.) marginatus, vulgaris, palustris, trigonops.*

Crocodylus non bin. L. Gronovius 1763, Zoophyl., fasc. 1 p. 10.

Crocodylus Laurenti 1768, Syn. Rept., p. 53. Sp.: *C. niloticus, americanus. africanus, terrestris.*

Cynosuchus subgen. J. E. Gray 1862 in: Ann. nat. Hist., ser. 3 *v.* 10 p. 328. Sp.: *Jacare (C.) latirostris, longiscutata. ocellata, punctulata.*

Gavial subgen. G. Cuvier 1807 in: Ann. Mus. Paris, *v.* 10 p. 27, 59. Sp.: *Crocodilus (G.) longirostris* (p. 66: *gangeticus*), *tenuirostris.*

Gavial [pro *Gavialis* M. Oppel 1811] L. Oken 1817 in: Isis, [*v.* 2] App. p. 1183.

Gaviala [pro *Gavialis* M. Oppel 1811] J. Fleming 1822, Phil. Zool., *v.* 2 p. 276.

Gavialis M. Oppel 1811, Ordn. Rept., p. 19. Sp.: *G. gangeticus.*

Gharialis [pro *Gavialis* M. Oppel 1811] W. Theobald 1876, Cat. Rept. Brit. Ind., p. 37.

Halcrosia J. E. Gray 1862 in: Ann. nat. Hist., ser. 3 *v.* 10 p. 273. Sp.: *H. frontata.*

Jacare J. E. Gray 1844, Cat. Tort. Croc. Brit. Mus., p. 64. Sp.: *J. fissipes, sclerops, nigra, punctulatus, vallifrons.*

Jacaretinga Spix 1825, Spec. Lacert. Bras., p. 1. Sp.: *J. moschifer, punctulatus.*

Lacerta Linné 1758, Syst. Nat., ed. 10 p. 200. Sp.: *L. Crocodilus, Caudiverbera, superciliosa, scutata, Monitor, principalis, bicarinata, palustris, Cordylus, Stellio, mauritanica, azurea, turcica, Ameiva, agilis, algira, Seps, angulata, Chamaeleon, Salamandra. Gecko, Stincus, hispida, orbicularis, vulgaris, aquatica. Basiliscus, Igvana, Calotes, Agama, Umbra, Plica, marmorata, bullaris, strumosa, Teguixin, aurata, punctata, lemniscata, fasciata, lineata, Chalcides, angvina.*

Mecistops J. E. Gray 1844, Cat. Tort. Croc. Brit. Mus., p. 57. Sp.: *M. Bennettii, cataphractus, Journei.*

Melanosuchus subgen. J. E. Gray 1862 in: Ann. nat. Hist., ser. 3 *v.* 10 p. 328. Sp.: *Jacare (M.) nigra.*

Molinia J. E. Gray 1862 in: Ann. nat. Hist., ser. 3 *v.* 10 p. 272. Sp.: *M. americana, intermedia.*

Motinia subgen. J. E. Gray 1844, Cat. Tort. Croc. Brit. Mus., p. 60. Sp.: *Crocodilus (M.) Americanus.*

Oopholis subgen. J. E. Gray 1844, Cat. Tort. Croc. Brit. Mus., p. 58. Sp.: *Crocodilus (O.) porosus, bombifrons.*

Osteoblepharon K. P. Schmidt 1919 in: Bull. Amer. Mus., *v.* 39 p. 420. Sp.: *O. osborni.*

Osteolaemus E. D. Cope 1861 in: P. Ac. Philad., 1860 p. 549. Sp.: *O. tetraspis.*

Paleosuchus subgen. J. E. Gray 1862 in: Ann. nat. Hist., ser. 3 *v.* 10 p. 330. Sp.: *Caiman (P.) trigonatus.*

Palinia subgen. J. E. Gray 1844, Cat. Tort. Croc. Brit. Mus., p. 60. Sp.: *Crocodilus (P.) rhombifer.*

Perosuchus E. D. Cope 1868 in: P. Ac. Philad., p. 203. Sp.: *P. fuscus.*

Philas subgen. J. E. Gray 1874 in: P. zool. Soc. London, p. 178. Sp.: *Crocodilus (P.) johnstoni.*

Ramphostoma [pro *Rhamphostoma* Wagler 1830] Wagler 1830, Syst. Amph., p. 132, 353.

Ramphostoma subgen. G. Jan 1861 in: Arch. Zool. Anat. Fisiol., *v.* 1 p. 190. Rept. Ophidia.

Rhamphostoma pro *Gavialis* Fitzinger Wagler 1830, Syst. Amph., p. 141. Sp.: *R. gangeticus, tenuirostris.*

Rhamphostoma [pro *Ramphostoma* G. Jan 1861] G. A. Boulenger 1893, Cat. Snakes Brit. Mus., *v.* 1 p. 59, 436. Rept. Ophidia.

Rhynchosuchus Huxley 1860 in: J. Linn. Soc. London, *v.* 4 p. 16. Sp.: *R. schlegelii.*

Temsacus subgen. J. E. Gray 1862 in: Ann. nat. Hist., ser. 3 *v.* 10 p. 272. Sp.: *Molinia (T.) intermedia.*

Tomistoma S. Müller 1846 in: Arch. Naturg., p. 122. Sp.: *T. Schlegelii.*

DAS TIERREICH

Lief. 45: **COLEOPTERA** ***APHODIINAE.*** Bearbeitet von **Adolf Schmidt** (†), Lehrer in Berlin. 1922. Mit 34 Abbildungen. Groß-Oktav. XXXVI, 614 Seiten. Rm. 40.—

Lief. 46: **AMPHIBIA** ***ANURA I.*** Bearbeitet von **Dr. Fr. Nieden.** 1923. Mit 380 Abbildungen. Groß-Oktav. XXXII, 584 Seiten. Rm. 38.50

Lief. 47: **COELENTERATA** ***GORGONARIA.*** Bearbeitet von **Professor Dr. W. Kükenthal** (†), Berlin. 1924. Mit 209 Abbildungen. Groß-Oktav. XXVIII, 478 Seiten. Rm. 48.—

Lief. 48: **HYMENOPTERA** ***SCELIONIDAE.*** Bearbeitet von **Professor J. J. Kieffer** (†), Bitsch. 1926. Mit 340 Abbildungen. Groß-Oktav. XXXVI, 885 Seiten. Rm. 100.—

Lief. 49: **AMPHIBIA** ***ANURA II.*** Bearbeitet von **Dr. Fr. Nieden.** 1926. Mit 55 Abbildungen. Groß-Oktav. XVI, 119 Seiten. Rm. 14.—

Lief. 50: **ORTHOPTERA** ***MANTIDAE.*** Bearbeitet von **Prof. E. Giglio-Tos** (†), Turin. 1927. Mit 6 Abbildungen. Groß-Oktav. XL, 707 Seiten. Rm. 82.50

Lief. 51: **LEPIDOPTERA** ***NEMEOBIINAE.*** Bearbeitet von **Dr. H. Stichel,** Berlin. 1928. Mit 197 Abbildungen. Groß-Oktav. XXX, 300 Seiten. Rm. 43.50

Lief. 52: **Myriapoda** ***1. GEOPHILOMORPHA.*** Bearbeitet von **Dr. Graf Attems,** Wien. 1929. Mit 307 Abbildungen. Groß-Oktav. XXIII, 388 Seiten. Rm. 60.—

Lief. 53: **CRUSTACEA COPEPODA** ***II. CYCLOPOIDA GNATHOSTOMA.*** Bearbeitet von **F. Kiefer,** Dilsberg bei Heidelberg. 1929. Mit 42 Abbildungen. Groß-Oktav. XVI, 102 Seiten. Rm. 18.75

Lief. 54: **Myriapoda** ***2. SCOLOPENDROMORPHA.*** Bearbeitet von **Dr. Graf Attems,** Wien. 1930. Mit 387 Abbildungen. Groß-Oktav. XIX, 308 Seiten. Rm. 50.—

Lief. 55: **AMPHIBIA** ***ANURA III. POLYPEDATIDAE.*** Bearbeitet von **Dr. E. Ahl.** 1931. Mit 320 Abbildungen. Groß-Oktav. XVI, 477 Seiten. Rm. 77.50

Lief. 56: **ARACHNOIDEA. ACARINA** ***BDELLIDAE, NICOLETIELLIDAE, CRYPTOGNATHIDAE.*** Bearbeitet von **Dr. Sig Thor,** Oslo. 1931. Mit 93 Abbildungen. Groß-Oktav. XIII, 87 Seiten. Rm. 18.75

Lief. 57: **PSEUDOSCORPIONIDEA I** Subord. ***CHTHONIINEA*** et ***NEOBISIINEA.*** Bearbeitet von **Dr. Max Beier,** Wien. 1932. Mit 271 Abbildungen. Groß-Oktav. XX, 258 Seiten. Rm. 40.—

Lief. 58: **PSEUDOSCORPIONIDEA II** Subord. C. ***CHELIFERINEA.*** Bearbeitet von **Dr. Max Beier,** Wien. 1932. Mit 300 Abbildungen. Groß-Oktav. XXI, 294 Seiten. Rm. 48.75

Lief. 59: **CYCLOSTOMATA.** Bearbeitet von **Dr. Maximilian Holly,** Wien. 1933. Mit 57 Abbildungen. Groß-Oktav. XIV, 62 S. Rm. 12.50

Lief. 60: **ACARINA** ***TYDEIDAE, EREYNETIDAE.*** Bearbeitet von **Sig Thor.** 1933. Mit 102 Abb. XI, 84 Seiten. Rm. 15.—

Lief. 61: **Pisces 2.** ***DIPNOI.*** Bearbeitet von **Dr. Maximilian Holly,** Wien. 1933. Mit 25 Abb. Groß-Oktav. IX, 20 S. Rm. 5.—

Wegen Subskription s. 2. Umschlagseite

Zu weiteren Bänden | 63. Holly, Crossopterygii, 64. 65. Bryk, Parnassiidae, 66. Attems, Polydesmidae, 67. Ahl, Ranidae, 68. Marcus, Tardigrada | liegen die Manuskripte druckfertig vor oder werden im Büro noch einer Durchsicht unterzogen.

Verlag Walter de Gruyter & Co. Berlin W 10, Genthiner Str. 38

FSC
www.fsc.org
MIX
Papier | Fördert
gute Waldnutzung
FSC® C083411

Kolibri 360 GmbH
Ferdinand-Jühlke-Straße 7
99095 Erfurt, Deutschland
produktsicherheit@kolibri360.de